AF872329

Künstliche Intelligenz und Mensch

Lars Jaeger • Alexander Naji

Künstliche Intelligenz und Mensch

Eine kulturhistorische Reise von der Vergangenheit in unsere Zukunft

Springer

Lars Jaeger
Baar, Schweiz

Alexander Naji
Mülheim, Deutschland

ISBN 978-3-662-72144-5 ISBN 978-3-662-72145-2 (eBook)
https://doi.org/10.1007/978-3-662-72145-2

Die Deutsche Nationalbibliothek verzeichnet diese Publikation in der Deutschen Nationalbibliografie; detaillierte bibliografische Daten sind im Internet über https://portal.dnb.de abrufbar.

© Der/die Herausgeber bzw. der/die Autor(en), exklusiv lizenziert an Springer-Verlag GmbH, DE, ein Teil von Springer Nature 2025

Das Werk einschließlich aller seiner Teile ist urheberrechtlich geschützt. Jede Verwertung, die nicht ausdrücklich vom Urheberrechtsgesetz zugelassen ist, bedarf der vorherigen Zustimmung des Verlags. Das gilt insbesondere für Vervielfältigungen, Bearbeitungen, Übersetzungen, Mikroverfilmungen und die Einspeicherung und Verarbeitung in elektronischen Systemen.
Die Wiedergabe von allgemein beschreibenden Bezeichnungen, Marken, Unternehmensnamen etc. in diesem Werk bedeutet nicht, dass diese frei durch jede Person benutzt werden dürfen. Die Berechtigung zur Benutzung unterliegt, auch ohne gesonderten Hinweis hierzu, den Regeln des Markenrechts. Die Rechte des/der jeweiligen Zeicheninhaber*in sind zu beachten.
Der Verlag, die Autor*innen und die Herausgeber*innen gehen davon aus, dass die Angaben und Informationen in diesem Werk zum Zeitpunkt der Veröffentlichung vollständig und korrekt sind. Weder der Verlag noch die Autor*innen oder die Herausgeber*innen übernehmen, ausdrücklich oder implizit, Gewähr für den Inhalt des Werkes, etwaige Fehler oder Äußerungen. Der Verlag bleibt im Hinblick auf geografische Zuordnungen und Gebietsbezeichnungen in veröffentlichten Karten und Institutionsadressen neutral.

Planung/Lektorat: Caroline Strunz
Springer ist ein Imprint der eingetragenen Gesellschaft Springer-Verlag GmbH, DE und ist ein Teil von Springer Nature.
Die Anschrift der Gesellschaft ist: Heidelberger Platz 3, 14197 Berlin, Germany

Wenn Sie dieses Produkt entsorgen, geben Sie das Papier bitte zum Recycling.

in memoriam
Lars Jaeger

Vorwort

Lars und ich kennen uns schon seit der Schulzeit und dem gemeinsamen Physikstudium. Und wir haben auch viele Fahrten zusammen gemacht. Auf einer dieser Fahrten – durch die damals noch gerade existierende DDR und die ehemalige Tschechoslowakei nach Ungarn – haben wir einen „Propheten-Wettbewerb" gestartet. Die Vorhersagen liefen beispielsweise so: „Auf dem nächsten Parkplatz stehen drei grüne Autos, eines davon mit Anhänger." oder „Der nächste Ortsname enthält kein ‚p' und hat mindestens 24 Buchstaben." Ruhm und Anerkennung verdiente sich, wer eine möglichst absurde und – zumindest annähernd – korrekte Vorhersage machte.

Nun, die Wahrheit ist: Wir sind keine Propheten. Dennoch wagen wir im Verlauf dieses Buches einen Blick in die Zukunft. Warum glauben wir, das zu können? Unseres Buch ist eine kulturhistorische und zum Teil auch philosophische Einordnung der heutigen Künstlichen Intelligenz. Und auch gerade des Umgangs unserer Gesellschaft mit KI. Wir zeigen, dass es eine Entwicklung gibt. Einerseits, was die technologischen Entwicklungen angeht. Andererseits, was den Antrieb des Menschen angeht, neue, möglichst überlegene Technologien zu erdenken, zu entwickeln und schließlich einzusetzen.

Wir waren immer davon überzeugt, dass es hilft, ein gewisses technologisch-wissenschaftliches Basisverständnis zu haben. Ebenso wichtig ist es allerdings, Entwicklungen einordnen zu können. Künstliche Intelligenz ist ja nicht nur von irgendwelchen Super-Nerds unter Entzug von Sonne und sozialen Kontakten gebastelt worden. Zudem wird sie in Kombination mit anderen Technologien eingesetzt. Künstliche Intelligenz ist demnach weder ein neues noch ein isoliertes Phänomen. Wer das versteht, kann die Zukunft noch mitgestalten. Dazu bieten wir Ihnen unseren Beitrag an.

Dieses Buch ist in vielen Gesprächen untereinander, aber auch mit vielen anderen entstanden. Diesen Freunden und Partnern danken wir. Unser besonderer Dank geht an Bettina Burchardt, ohne deren Erfahrung und Einsatz dieses Buch nicht so aussähe.

Mein bester Freund Lars Jaeger ist noch während der Entstehung des Buchs von uns gegangen. Nicht nur für mich ist das ein entsetzlicher Verlust. Die Welt hat einen großen Denker und großzügigen Menschen verloren. Dieses letzte unter seiner Beteiligung entstandene Buch soll Zeugnis seines literarischen Schaffens und Teil seines Vermächtnisses sein.

Mülheim, Deutschland
im Juni 2025

Alexander Naji

Interessenkonflikt

Die Autor*innen haben keine für den Inhalt dieses Manuskripts relevanten Interessenkonflikte.

Inhaltsverzeichnis

1

Von den goldenen Mägden bis zum Zug 37

Die Anfänge der Künstlichen Intelligenz

Die Idee einer künstlichen, also nicht-menschlichen Intelligenz begleitet uns seit Menschengedenken. Schon in den antiken Mythen ist von unbelebten Wesen die Rede, denen die nötige Intelligenz eingepflanzt wird, damit sie Menschen – oder Göttern – dienen können. In der griechischen Sagenwelt steht Hephaistos, Gott des Feuers und kunstfertiger Schmied, für handwerklichen Erfindungsreichtum. Homers „Ilias" berichtet, dass der an den Füßen verkrüppelte Hephaistos sich Maschinen-Dienerinnen gebaut hatte:

> „[…] und goldene Mägde stützten den Herrn von unten; sie glichen lebendigen Mädchen".

Diese Erwähnung wäre nichts Besonderes, denn die griechische Antike ist reich an Hinweisen auf Automaten. Ein paar Verse zuvor ist von selbstrollenden Vehikeln die Rede, die Gefäße an die Göttertafel transportieren – an jener Stelle taucht übrigens zum ersten Mal das Adjektiv *automatos* auf, das „aus sich selbst heraus handelnd" bedeutet. Die Verse, die die Mägde des Hephaistos genauer beschreiben, weisen jedoch über mechanische Spielereien hinaus:

> „Denn sie haben Verstand im Inneren und haben auch Stimme und auch Kraft und lernten von ewigen Göttern die Werke."

Hephaistos war auch der Schöpfer einer der wichtigsten mythologischen Figuren Kretas: Talos, ein Riese aus Bronze. Er wachte über die Insel, indem

© Der/die Autor(en), exklusiv lizenziert an Springer-Verlag GmbH, DE, ein Teil von Springer Nature 2025
L. Jaeger, A. Naji, *Künstliche Intelligenz und Mensch*,
https://doi.org/10.1007/978-3-662-72145-2_1

er dreimal täglich die gesamte Küstenlinie ablief – immerhin mehr als 1000 km pro Runde. Auch er erledigte seine Aufgaben mit einer gewissen Intelligenz, denn er versenkte feindliche Schiffe, indem er Felsen auf sie warf. Dazu musste er nicht nur gut zielen, sondern auch zwischen heimischen und feindlichen Schiffen unterscheiden können. Von Verstand zeugt auch eine weitere seiner Methoden, Feinde unschädlich zu machen: Kam ein Schiff trotz seiner Abwehrmaßnahmen zu nahe, stellte er sich in ein Feuer, bis sein bronzener Körper glühend heiß war, und näherte sich dann dem Schiff, sodass es verbrannte.

Neben Geschöpfen, die von ihren gottgleichen Baumeistern quasi-lebendig und klug geschaffen werden, gibt es auch eine weitere mythische Form der künstlichen Intelligenz: ursprünglich unbelebte Statuen, denen Leben eingehaucht wird. Am bekanntesten ist die Geschichte von Pygmalion. In einer frühen Überlieferung war er König von Zypern und wurde mit einer Aphrodite-Statue intim. In späteren Versionen ist Pygmalion ein Bildhauer, der sich in eine von ihm geschaffene Statue verliebt. Göttin Aphrodite erbarmt sich seiner und erweckt die Staue zum Leben. Je nach Quelle hat Pygmalion ein oder zwei Kinder mit ihr – spätestens bei diesen Versionen ist davon auszugehen, dass der Statue nicht nur eine gewisse Liebesfähigkeit, sondern auch Intelligenz eingeflößt wurde. Ganz unabhängig von der Frage, inwieweit es reale Vorbilder für all diese legendären Geschöpfe gegeben haben mag und wie sie wohl ausgesehen haben, zeugen die vielen Geschichten von der großen Faszination, die von Göttern oder Menschen geschaffene, nicht-menschliche Intelligenzen seit jeher ausüben.

Die antiken Mythen finden ihre Fortsetzung in den großen monotheistischen Religionen. Aus der jüdischen Kultur des mittelalterlichen Europas stammt die Vorstellung von Sterblichen, die aus Lehm einen „unfertigen Menschen", einen Golem erschaffen. Die bekannteste Version ist die von Rabbi Löw und seinem Geschöpf. Hier vermischen sich Sage und Realität, denn dieser Rabbi war einer der wichtigsten Denker des jüdischen Kulturkreises und starb 1609 hochbetagt in Prag. In der Sage aktiviert Rabbi Löw seinen Golem mit einer auf Papier geschriebenen Zauberformel, die er ihm in den Mund legt. Fortan macht sich der stumme, aber intelligente Lehm-Mann im Haus des Rabbis nützlich, bei Bedarf verteidigt er mit seinen Riesenkräften die jüdische Gemeinde gegen Anfeindungen. Die Erzählungen vom verdienstvollen Golem fanden eine weite Verbreitung. Erst im christlichen Umfeld wurde das Wesen aus Lehm zu einer plumpen, dummen Figur.

Das beginnende wissenschaftliche Zeitalter befeuerte noch einmal die Faszination für lebensechte Automaten. Erstaunliche Maschinen, die verschiedene Lebewesen naturgetreu simulierten, füllten die Raritäten-Kabinette reicher Landesfürsten. Berühmt wurde zum Beispiel die mechanische Ente, die der französische Ingenieur Jacques Vaucanson in den 1730er-Jahren baute. Sie konnte sich bewegen und mit den Flügeln schlagen. Besondere Begeisterung beim Publikum löste die Nachahmung von Nahrungsaufnahme und Verdauung aus. Vaucanson verriet später, dass ein in der Ente angebrachter Blasebalg einen Unterdruck erzeugte, der über eine in den Schnabel führende Röhre Futterkörner durch den Hals in ein Behältnis sog. Ab einem bestimmten Füllstand wurde dann aus einem anderen Behältnis in der Ente eine grünliche Masse nach außen befördert und so die Ausscheidung von Exkrementen simuliert.

Die Fähigkeiten der Ente waren weit davon entfernt, dass man eine ihr innewohnende Intelligenz hätte vermuten können. Umso größer war der Eindruck, den der schachspielende Türke auf die Menschen ausübte. Der deutsch-ungarische Hofsekretär Wolfgang von Kempelen führte diese Maschine 1769 erstmals der österreichischen Kaiserin Maria Theresia vor. Auf einem Podest saß ein künstlicher Mensch mit Turban, der mit seinen gelenkigen Armen Schachfiguren bewegen konnte. 16 Jahre lang reiste von Kempelen mit seiner Maschine durch Europa und brachte sein Publikum zum Staunen. Nach seinem Tod reiste der neue Besitzer der Maschine in die USA, wo sich unter den Schaulustigen auch Edgar Allan Poe befand. So wie viele seiner Zeitgenossen vermutete auch er, dass es sich bei dem schachspielenden Türken um einen Fake handelte. Tatsächlich saß im Podest ein Schachspieler, der über eine komplizierte Apparatur die gegnerischen Spielzüge verfolgen und die eigenen Figuren ziehen konnte. Auch wenn die Maschine eine Täuschung war, zeigt der Hype um sie, wie stark das Thema „künstliche Intelligenz" – wobei dieser Begriff damals noch nicht existierte – die Menschen beschäftigte und wie groß der Eindruck war, den der „Schachtürke" hinterließ.

1899, also Generationen später, veröffentlichte der amerikanische Autor Ambrose Bierce, dessen Schaffen in einer Reihe mit dem von Edgar Allen Poe und H. P. Lovecraft steht, die Kurzgeschichte „Moxon's Master" (deutsche Übersetzung: „Moxons Herr", in: „Horrorgeschichten", München 1997). Der Erzähler streitet sich bei einem abendlichen Treffen mit seinem Freund, dem Erfinder Moxon darum, ob Maschinen denken können. Als lautes Gepolter aus dessen Werkstatt ertönt, steht Moxon auf und sorgt für Ruhe. Zurück aus der Werkstatt hat Moxon vier parallele Schürfwunden im Gesicht. Später erklärt er dem Erzähler, er hätte vergessen, seinem „Geschöpf" eine Aufgabe zuzuteilen. Der Erzähler zweifelt an der psychischen Gesundheit seines Freundes und verabschiedet sich, kehrt aber beunruhigt wieder zurück. Heimlich beobachtet er Moxon und ein einem Gorilla ähnelndes Wesen beim Schachspiel und erkennt, dass es sich um eine Maschine handelt. Der Ingenieur Moxon gewinnt die Partie, was die Maschine so sehr erbost, dass sie ihren Schöpfer tötet. Der Erzähler wacht im Krankenhaus auf und erfährt, dass das Haus seines Freundes abgebrannt ist. Er kann kaum glauben, dass sein Erlebnis real war, doch Moxons Angestellter Haley bestätigt ihm, dass die Maschine existiert hatte.

Zu dieser Zeit steht nicht mehr der menschliche Traum im Vordergrund, gottgleich selbst zum Schöpfer zu werden, sondern die Sorge, dass sich die Schöpfung der Kontrolle des Schöpfers entziehen und sich sogar gegen ihn erheben könnte. Diesen Gedanken hatte bereits Goethe in seiner 1798 veröffentlichten Ballade „Der Zauberlehrling" ausgeführt. Der Lehrling eines Magiers schaut seinem Meister einen Zauberspruch ab und wendet ihn an, als er allein ist. Er befiehlt einem Besen, Wasser vom Fluss zu holen. Weil er den Spruch nicht kennt, mit dem er den Zauber beenden kann, schleppt der Besen immer mehr Wasser ins Haus. Der Lehrling kommt in höchste Bedrängnis:

> „Die ich rief, die Geister,
> werd' ich nun nicht los."

Den Besen wird man nicht intelligent nennen können, er ist erkennbar eine Maschine, die eine begrenzte Aufgabe in immer wiederkehrenden Schritten bewältigt. Doch in den folgenden Jahren erscheinen in der Literatur der Romantik verschiedenste künstliche Geschöpfe. Eines davon ist Olimpia in der 1816 erschienenen Geschichte „Der Sandmann" von E. T. A. Hoffmann. In dieser Erzählung stellt der Schöpfer Olimpias sie als seine Tochter vor. Als sich ein Student in sie verliebt, reagieren seine Freunde sehr distanziert:

> „Uns ist diese Olimpia ganz unheimlich geworden, wir mochten nichts mit ihr zu schaffen haben […]."

Schließlich erkennt der Student, dass Olimpia eine Maschine ist, erleidet einen psychischen Zusammenbruch und begeht später Selbstmord.

Es ist wohl kein Zufall, dass um diese Zeit eine Version des Golem-Mythos auftaucht, in der Rabbi Löw eines Tages vergisst, den aktivierenden Zettel nach vollbrachten Diensten wieder aus dem Mund des Golems zu entfernen. Die Folgen sind fatal: Das Geschöpf zieht randalierend durch Prag. Als der Rabbi den Golem endlich ausschalten kann, zerfällt das künstliche Wesen wieder zu Staub. In einer weiteren Version wird der Rabbi sogar von den Trümmern seiner Schöpfung erschlagen. Aus dem willigen Golem früherer Versionen der Erzählung ist eine tödliche Maschine geworden.

Die berühmteste literarische Figur mit künstlicher Intelligenz ist natürlich Frankensteins Monster. 1818 erschien die von Mary Shelley erfundene Geschichte „Frankenstein; Or, The Modern Prometheus" (deutsche Übersetzung: „Frankenstein oder Der moderne Prometheus", Leipzig, 1912). Der Wissenschaftler Frankenstein erschafft eine Kreatur, die aufgrund ihres abstoßenden Aussehens ausgegrenzt wird. Vernachlässigt und verstoßen wendet sich das Geschöpf gegen seinen Schöpfer, es ermordet Victor Frankensteins Braut, und auch dessen bester Freund findet den Tod. Bemerkenswert an der Geschichte ist, dass das Geschöpf ein Gewissen entwickelt hat und seine Taten bereut. Anders als der Golem, Olimpia und viele andere künstliche Figuren der damaligen Literatur besitzt Frankensteins Monster also ein Bewusstsein.

Anfang des 20. Jahrhunderts kommt zur Literatur ein weiteres Medium hinzu: der Film. In Fritz Langs *„Metropolis"* (1927) erschafft der Erfinder Rotwang den Maschinenmenschen Maria. Zunächst ist sie noch klar als Androidin erkennbar, in einer zweiten Version ist sie von einem Menschen äußerlich nicht mehr zu unterscheiden. Der Schöpfer ist stolz auf sein Werk:

> „Sie ist das vollkommenste und gehorsamste Werkzeug, das je ein Mensch besaß. [...] und wenn nur ein einziger in ihr die Maschine erkennt, will ich ein Stümper heißen, dem nie etwas gelungen ist."

Natürlich geht die Sache nicht gut aus. Der Maschinenmensch Maria, der alle Sinne verwirrt, stirbt auf dem Scheiterhaufen, ihr Schöpfer stürzt in den Tod.

Wo wohnt die Intelligenz?

Allen diesen frühen Beispielen für die Auseinandersetzung mit nicht-menschlicher Intelligenz ist eines gemeinsam: Es fehlt eine Auseinandersetzung mit der Frage, wie sie überhaupt funktionieren soll. Dass in archaischen, antiken und mittelalterlichen Überlieferungen keine wissenschaftlich fundierten Erklärungen von künstlicher Intelligenz versucht werden, liegt nahe. Aber auch nach der wissenschaftlichen Revolution ab dem 17. Jahrhundert geht es in den Beschreibungen eher um die Hoffnungen und Grundängste, die wir mit dem Auftreten von nicht-menschlicher Intelligenz verbinden. Eine wissenschaftliche Auseinandersetzung mit der Frage, wie sie konkret entstehen könnte, findet bis in die Mitte des 20. Jahrhunderts nicht statt.

Wie sollte man sich auch mit dieser Frage beschäftigen, wenn niemand wusste, wie *natürliche* Intelligenz funktioniert? Lange Zeit war noch nicht einmal bekannt, wo im Körper sie beheimatet ist. Von der Antike bis in die Neuzeit hinein gab es verschiedene Erklärungsversuche, wo die Intelligenz zu suchen ist. Als Schaltzentralen kamen Herz und Gehirn, aber auch das Blut sowie das sogenannte Pneuma in Frage, das man sich als eine luftartige, durch den gesamten Körper fließende Substanz vorstellte. Aristoteles tippte auf das Herz als Ort der wahrnehmenden Seele, das Gehirn diente in seiner Vorstellung als Kühlakku. Für Platon war die Seele dreigeteilt: Verstand im Gehirn, Willenskraft und Gefühle in der Brust und der Anreiz zur Befriedigung der Bedürfnisse in der Leber.

Ab dem späten Mittelalter mehrten sich die Hinweise, dass das Gehirn das Zentrum aller geistigen Funktionen ist. Diese Annahme konnte jedoch erst im 19. Jahrhundert experimentell überprüft und in Ansätzen bestätigt werden. Einen ersten Durchbruch erzielte der französische Arzt und Anthropologe Paul Broca (1824–1880). Er war als Medizinstudent ein Überflieger gewesen und hatte sein Studium bereits mit 20 Jahren abgeschlossen. Broca wurde Professor für chirurgische Pathologie an der Universität Paris. 1859 untersuchte er einen Patienten namens Louis Victor Leborgne, der infolge seiner Syphiliserkrankung unter einer schweren Sprachstörung litt. Der Mann konnte zwar Gesagtes gut verstehen, doch nur noch eine einzige Silbe sprechen: „tan". Durch Hintereinanderreihung dieser Silbe und unterschiedliche Betonungen versuchte „Monsieur Tan" sich auszudrücken. Zwei Jahre später starb der Patient, und Broca entdeckte bei der Untersuchung von dessen Gehirn, dass bestimmte Windungen im linken Frontallappen stark geschädigt waren. Er identifizierte diesen Teil des Großhirns, das noch heute „Broca-Areal" genannt wird, als Sprachzentrum.

Während Monsieur Leborgne Sprache verstand, aber keine Wörter mehr bilden konnte, wiesen einige Patienten des Breslauer Neurologen Carl Wernicke (1848–1905) genau die umgekehrte Symptomatik auf: Sie konnten sprechen, jedoch die Bedeutung von gehörter Sprache nicht erfassen. Wernicke lokalisierte 1874 den entsprechenden Teil des Gehirns im linken Schläfenlappen. Aufbauend auf diesen Erkenntnissen versuchte man sich an einer immer detaillierteren funktionalen Kartierung des Gehirns.

Auch zur Funktionsweise der Nerven wurde geforscht. Seit Luigi Galvani 1786 zuckende Froschschenkel beobachtet hatte, war bekannt, dass Elektrizität bei der Reizübertragung eine Rolle spielt. Der Physiker Hermann von Helmholtz zeigte 1850, dass Nerven elektrische Signale mit Geschwindigkeiten im Bereich von etwa 30–60 m/s weiterleiten.

Ein weiterer Ansatz war, die kleinsten Bausteine des Gehirns zu erforschen. Die Erkenntnis, dass tierische und pflanzliche Gewebe aus Zellen bestehen, setzte sich erst ab 1838 durch. In diesem Jahr beschrieb der deutsche Botaniker Matthias Schleiden, dass alle Pflanzen aus Zellen aufgebaut sind. Im selben Jahr stellte sein Landsmann Theodor Schwann fest, dass dies auch auf alle tierischen Gewebe zutrifft. Der nächste Schritt wäre nun gewesen, die Eigenschaften von Gehirnzellen zu untersuchen. Doch im Gegensatz zu anderen Gewebetypen zeigten die Präparate von Gehirnen nur eine cremefarbene, ununterscheidbare Masse. Die mit bestimmten Färbemethoden sichtbar gemachten Zellkerne machten das Bild nur noch unübersichtlicher. Wo fing eine einzelne Zelle an? Wo hörte sie auf? Erst im Jahr 1873 entdeckte der italienische Mediziner Camillo Golgi (1843–1926) – wahrscheinlich durch Zufall – eine Methode, Nervenzellen mit ihren feinen Verästelungen sichtbar zu machen. Bis heute ist nicht vollständig geklärt, warum sich nur etwa 1 bis 5 % aller Nervenzellen bei Behandlung mit Silbernitrat vollständig schwarz färben und so in deutlichem Kontrast zu den anderen 95 bis 99 % stehen. Weil nur ein Bruchteil der Gehirnzellen sichtbar wurde, erkannte man nun zum ersten Mal die komplizierte Struktur dieses Zelltypus.

Golgis spanischer Berufskollege und späterer Intimfeind Santiago Ramón y Cajal war begeistert. In seinem 1909 erschienenen Buch „Textura del sistema nervioso del hombre y vertebrados" (Histologie des Nervensystems vom Menschen und von Wirbeltieren) erinnert er sich:

> „Welch erstaunlicher Anblick! Auf gelbem, vollkommen durchsichtigem Grund erscheinen dünn gesäte, schwarze Fasern, glatt und klein oder stachlig und dick, und schwarze, dreieckige, stern- oder spindelförmige Körper, wie Tuschezeichnungen auf durchsichtigem Japanpapier!"

Nun, da die besondere Form der Nervenzellen (Abb. 1.1) bekannt war, lag es nahe, dass die Nervenzellen hereinkommende Signale über die Dendriten aufnehmen und über die Axone, die mehrere Meter lang sein können, weiterleiten. Allerdings unterschieden sich die weiteren Interpretationen von Golgi und Cajal erheblich. Golgi war überzeugt, alle Nervenzellen wären zu einem durchgehenden Netz verschmolzen. Cajal war dagegen der Auffassung, dass es sich um einzelne Zellen handele, die über Kontaktstellen Signale weiterleiten. Zeitlebens führten sie einen erbitterten Streit – und bekamen zu ihrem beiderseitigen Leidwesen gemeinsam 1906 den Nobelpreis für Physiologie und Medizin. Ihre Auseinandersetzung konnte erst in den 1950er-Jahren, lange nach ihrem Tod, endgültig entschieden werden. Mit der Erfindung des Elektronenmikroskops wurden die nur 0,5 Nanometer messenden synaptischen Spalte sichtbar, die die Zellfortsätze der einzelnen Nervenzellen voneinander trennen.

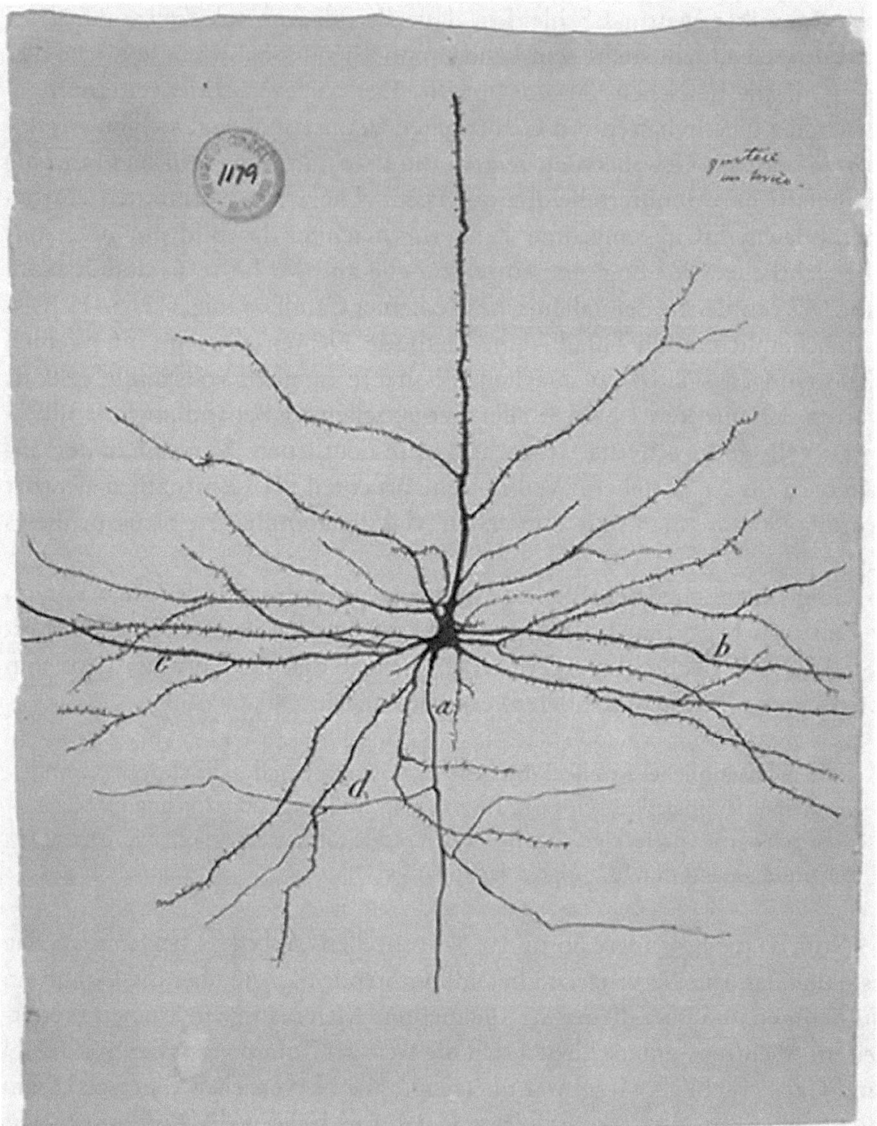

Abb. 1.1 Santiago Ramón y Cajal, Zeichnung einer Nervenzelle. Die Informationen erreichen über eine Vielzahl an Dendriten das Zentrum der Nervenzelle; über das (in diesem Bild nach oben wegführende) Axon werden sie weitergeleitet. (Quelle: Das Original befindet sich am Instituto Cajal des Consejo Superior de Investigaciones Cientficas (CSIC) in Madrid.)

Künstliche Intelligenz findet eine neue Heimat

Bis in die Mitte des 20. Jahrhunderts wird künstliche Intelligenz in Literatur und Film auf nicht näher beschriebene Weise erzeugt oder ist einfach vorhanden. Es werden keine der inzwischen erlangten wissenschaftlichen Erkenntnisse aufgegriffen und auch keine Details genannt, auf welche Weise sie funktionieren könnte. Der junge Chemie-Student Isaac Asimov (1920–1992), US-Amerikaner mit russischen Wurzeln, steht an der Nahtstelle zwischen Mythen und Literatur sowie wissenschaftlicher Auseinandersetzung mit dem Thema. In seiner 1940 veröffentlichten Kurzgeschichte „Strange Playfellow" (deutsche Übersetzung: „Robbie", in: „Ich, der Robot", Düsseldorf 1952) gab er dem Roboter Robbie ein „positronisches Gehirn". Damit meinte er ein elektronisches Gehirn, das so komplex wie das menschliche Gehirn ist. Kurz: Asimov war der Erste, der auf moderne Weise über KI nachdachte.

Mit dem Siegeszug der Computer ab den 1950er-Jahren fand die künstliche Intelligenz eine Entsprechung in elektronischen Schaltkreisen. Jede Nervenzelle wurde nun als ein Schaltelement gesehen, dessen Funktion „Signal weiterleiten/nicht weiterleiten" mit den aus der Informatik bekannten binären Zuständen 1 und 0 gleichgesetzt wurde. Diese Analogie schien durch die Forschungen des britischen Physiologen Edgar Adrian (1889–1977) gedeckt zu sein. Er hatte in den 1920er-Jahren darauf hingewiesen, dass Nervenzellen Signale nach dem Alles-oder-Nichts-Prinzip weiterleiten. Das menschliche Gehirn wurde also nicht mehr als Organ gesehen, in dem die unterschiedlichen Fähigkeiten bestimmten Arealen zugeordnet sind, sondern als ein aus Millionen Nervenzellen zusammengesetzter Computer.

Noch glichen die digitalen Rechenmaschinen den automatisch herumrollenden Vehikeln des Hephaistos: Sie arbeiteten das ab, was ihnen die Mechanik beziehungsweise das Programm vorgab. Doch natürlich wurde auch von den „goldenen Mägden" geträumt, die intelligent sind und lernen. Diese Entwicklung wirkte sich auch auf Literatur und Film aus. Die künstlichen Intelligenzen waren nun nicht mehr Körper aus Lehm, Holz oder Metall ohne erkennbares Innenleben, sondern Computer. Die Befürchtung, dass das Geschöpf sich gegen den Schöpfer wendet, blieb dieselbe.

1968 kam *„2001: Odyssee im Weltraum"* von Regisseur und Drehbuchautor Stanley Kubrick in die Kinos. An Bord eines Raumschiffs auf dem Weg zum Jupiter befinden sich drei Besatzungsmitglieder sowie der Computer HAL 9000. Dieser entwickelt auf dieser Reise ein Eigenleben und wird zunehmend unzuverlässig. Als die Crew versucht, ihn abzuschalten, entscheidet sich HAL

9000, die Menschen loszuwerden, um die ihm aufgetragene Mission fortsetzen zu können. Zwei Astronauten sterben, dem dritten gelingt es, HAL 9000 zu deaktivieren.

Im Star-Trek-Universum der Serie „*Raumschiff Enterprise – Das nächste Jahrhundert*" ist der Androide Data, Offizier auf der Enterprise, schon ab der Pilotfolge „*Encounter at Farpoint*" (1987) dabei. Data macht über die gesamte Geschichte seines Charakters hinweg eine Entwicklung durch, die ihn am Anfang als noch sehr roboterhaft, am Ende fast vollständig menschlich zeigt.

Sowohl HAL 9000 als auch Data werden in der Diskussion um KI gerne als Referenz genommen, da sie das tun, was Menschen fürchten: Sie entwickeln eigene Persönlichkeiten und durchlaufen deshalb innere Konflikte. Damit sind sie nicht mehr berechenbar und potenziell für Menschen gefährlich. HAL 9000 steht für die „böse" künstliche Intelligenz, Data für die „gute", wenngleich auch er in einigen Folgen korrumpiert und gefährlich wird.

Künstliche Intelligenz wird real

Während uns die abstrakte Idee von nicht-menschlicher Intelligenz seit Menschengedenken begleitet, beginnt die konkrete Geschichte der KI mit dem Gedanken, die neuronalen Netzwerke des menschlichen Gehirns nachzubauen. Den Anfang machte der britische Mathematiker Alan Turing (1912–1954) im Jahr 1936. Damals formulierte er seine Idee, dass sich auch anspruchsvolle kognitive Prozesse so weit in Einzelschritte zerlegen lassen, dass sie durch einen Algorithmus abgebildet werden und somit von einer Maschine abgearbeitet werden können. Seine Annahme, dass Gehirne wie Rechenmaschinen nach logischen Prinzipien funktionieren, wurde 1943 von dem Neurophysiologen Warren McCulloch und dem Mathematiker Walter Pitts unterstützt. Ihnen gelang der mathematische Beweis, dass ein Netz von Nervenzellen alle logischen Operationen, zum Beispiel UND, ODER und NICHT, ausführen kann.

Die Idee von McCulloch und Pitts bestand in Schaltelementen, die Eingaben mehrerer anderer Schaltelemente empfangen, die sich entweder „erregend" oder „hemmend" auswirken. Eine einzige Verbindung zu einem auf „hemmend" gestellten Schaltelement genügt, um die Aktivierung des Elements zu verhindern. „Erregende" Informationen werden addiert. Wird ein beliebig einstellbarer Schwellenwert überschritten, erfolgt die Aktivierung der Schaltzelle. Schaltzellen von diesem Typ werden heute noch McCulloch-Pitts-Zellen genannt.

Für den nächsten Meilenstein in der Geschichte der KI war wieder Alan Turing verantwortlich. In seinem 1950 veröffentlichten Artikel „Computing

Machinery and Intelligence“ (deutsche Übersetzung: „Können Maschinen denken?“, Ditzingen 2021) näherte er sich der Frage, ob Maschinen jemals denken könnten. Als erstes legte er fest, dass mit einer Maschine immer ein Digitalrechner gemeint ist und definierte den Begriff „denken“ als die Fähigkeit eines Rechners, intelligentes Verhalten zu simulieren. Doch ab wann ist eine Maschine so intelligent wie ein Mensch? Turings Gedankengang mündete in dem heute als Turing-Test bekannten Setting. Dieser besagt, dass eine Maschine als intelligent zu bezeichnen ist, wenn sie es schafft, mit einem Menschen zu kommunizieren, ohne dass dieser entscheiden kann, ob er sich mit einem Menschen oder einem Computer austauscht. Anders als oft beschrieben, setzte Turing seinem Imitationsspiel (*imitation game*) keine zeitliche Grenze.

Bis 1950 bestanden die Forschungen zur KI aus theoretischen Überlegungen. 1951 gelang parallel in Großbritannien und den USA erstmals der Sprung in die Praxis. Aufbauend auf Vorarbeiten der Universität Manchester stellte die britische Firma Ferranti 1951 ihren Computer Mark I vor. Er gilt als erster kommerziell verfügbarer elektronischer Computer mit frei programmierbarem Speicher. In den USA wurde fast zur gleichen Zeit der UNIVAC I an eine amerikanische Regierungsbehörde ausgeliefert. Mit dem dritten Modell der Serie entstand die erste elektronisch berechnete Wahlvorhersage. Der Wahlsieg von Eisenhower wurde korrekt prognostiziert. Kurz darauf wollte der US-amerikanische Informatiker Arthur Samuel (1901–1990) den ersten kommerziellen Rechner von IBM so programmieren, dass er Dame und Schach spielen konnte. Im Schachspielen kam die Rechenmaschine nicht sehr weit, doch beim Damespiel stellten sich Erfolge ein. Zuerst verlor das Programm, weil es nicht mehr als die Spielregeln befolgen konnte. Als Samuel ein weiteres Programm zufügte, das für jeden Zug die Erfolgswahrscheinlichkeit berechnete, verbesserte sich die Leistung der Maschine deutlich. Dann hatte Samuel die entscheidende Idee: Er ließ die Maschine gegen sich selbst spielen. Indem der Computer jeweils überprüfte, ob die berechneten Wahrscheinlichkeiten angepasst werden mussten, lernte das Programm so gut Dame zu spielen, dass es auch gegen starke Amateure gewann. Zwei Jahrzehnte arbeitete Samuel an dem Dame-Programm und verbesserte kontinuierlich die Technik des maschinellen Lernens.

Ab 1951 entwickelten die beiden Harvard-Studenten Marvin Minsky und Dean Edmonds den Computer SNARC (*Stochastic Neutral Analog Reinforcement Calculator*). Marvin Minsky war ein Schüler von Warren McCulloch und Walter Pitts und direkt von Isaac Asimov beeinflusst. Nachdem er „Runaround“ (deutsche Übersetzung in: „Ich, der Robot“, Düsseldorf 1952), eine weitere Geschichte Asimovs, gelesen hatte, sagte er, er habe

„nicht mehr aufgehört darüber nachzudenken, wie der Verstand [im Original: *mind*] funktioniert".

SNARC war der erste Computer, der ein „neuronales Netz" verwendete. Für die 40 „Neuronen" verbauten Minsky und Edmonds 3000 Vakuumröhren und den ausgedienten Autopiloten eines B-24-Bombers. SNARC enthielt bereits viele Merkmale späterer KI-Rechner. Zum Beispiel waren die Verbindungsmuster der 40 Module untereinander zufällig gewählt. Weil SNARC auf einer Frühform von neuronalen Belohnungsmechanismen aufbaute, war er ein selbstlernender Computer.

Ein weiterer wichtiger Meilenstein auf dem Weg zur heutigen KI war der achtwöchige Sommerworkshop *Dartmouth Summer Research Project on Artificial Intelligence* von 1956. Die Initiatoren waren John McCarthy (1927–2011) vom Dartmouth College, Marvin Minsky (1927–2026) von der Harvard Universität, Nathan Rochester (1919–2001) von IBM und Claude Shannon (1916–2001) von den Bell Telephone Laboratories. Auf der von ihnen ein Jahr zuvor verschickten Einladung hatten sie zum ersten Mal in der Wissenschaftsgeschichte den Begriff „Künstliche Intelligenz" verwendet. Sie schrieben, dass das Treffen

„auf der Grundlage der Vermutung vorgehen sollte, dass jeder Aspekt des Lernens oder jedes andere Merkmal der Intelligenz prinzipiell so genau beschrieben werden kann, dass eine Maschine zu seiner Simulation hergestellt werden kann".

Zehn ausgesuchte Teilnehmer aus den USA – darunter Arthur Samuel, der das Damespiel vorangetrieben hatte – wurden eingeladen, mit den Initiatoren darüber zu diskutieren, wie Maschinen über das bloße Rechnen hinaus zur Künstlichen Intelligenz geführt werden können. Als Prüfsteine sollten Spiele wie Dame und Schach sowie das Übersetzen von Sprachen dienen. Die Kosten für diesen wegweisenden Workshop, der von der Rockefeller Foundation unterstützt wurde, inklusive der Gehälter für alle Teilnehmer, Unterkunft, Fahrtkosten etc., setzte McCarthy mit 13.500 US-Dollar an. Diese Summe, die 2024 einem Wert von knapp 130.000 US-Dollar entspricht, erwies sich als eine gute Investition.

John McCarthy wirkte auch in den darauf folgenden Jahren als ein wesentlicher Treiber der KI-Forschung. 1958 rief er mit Marvin Minsky die MIT AI Group ins Leben, aus der später das MIT Computer Science and Artificial Intelligence Laboratory (CSAIL) hervorging. Im gleichen Jahr erdachte McCarthy die Programmiersprache LISP (*List Processing*). Anfangs wurde sie auf einer mit Lochkarten arbeitenden IBM-Maschine eingesetzt. Statt mit Zahlen arbeitete LISP mit Symbolen, die auch ohne spezielles Übersetzungsprogramm (Compiler) von den Rechnern gelesen werden konnten. Später wechselte John McCarthy vom MIT an der Ostküste nach Stanford an der Westküste, wo er 1963 das nicht weniger berühmte Stanford Artificial Intelligence Laboratory (SAIL) gründete.

Der US-amerikanische Psychologe und Informatiker Frank Rosenblatt (1928–1971) arbeitete von 1957 bis 1959 am Cornell Aeronautical Laboratory an einem weiteren Weg, das Neuronen-Modell von McCulloch und Pitts umzusetzen. Er wollte keine konkreten Aufgaben lösen lassen, sondern erste Erkenntnisse gewinnen, wie maschinelles Lernen funktioniert.

Der von ihm benutzte *Mark I Perceptron* bestand aus drei Schichten (Abb. 1.2):

- Die **sensorische Eingangsschicht** A_I aus 20 × 20 lichtempfindlichen Modulen (*sensory units*) reagierte ähnlich einer Netzhaut direkt auf optische Reize. Ursprünglich wurde dies durch eine sogenannte Retina realisisert.
- Die **Assoziationsschicht** A_{II} wurde von 512 Modulen (*association units*) gebildet, die jeweils mehrere eingehende – hemmend oder aktivierend wirkende – Signale aufnehmen und verarbeiten konnten.
- Die **Ausgangsschicht** R bestand aus 8 Einheiten (*response units*).

Die zufällig angeordneten Verbindungen zwischen den Modulen konnten per Steckbrett-Verdrahtung jederzeit verändert werden. Das Geniale an diesem Aufbau war, dass sich die Widerstände der Drähte abhängig von ihrer Aktivierungsrate veränderten. Diese Gewichtung führte zu der Einführung der Größe „Gewicht“ (*weight*), die die jeweilige Stärke der Verbindungen zwi-

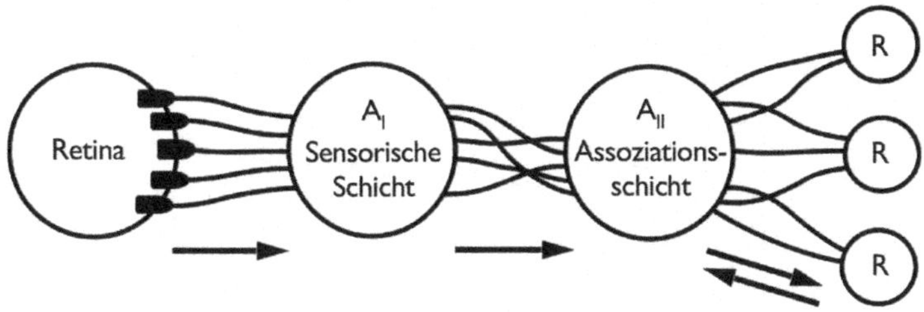

Abb. 1.2 Aufbau des Perzeptrons von Frank Rosenblatt, das am Beispiel des Sehprozesses die Informationsaufnahme und -verarbeitung im Gehirn simuliert. Die Verbindungen zwischen AI und AII sowie zwischen AII und der Ausgangschicht R sind zufällig angeordnet. (Nach: F. Rosenblatt, The Perceptron. A Probabilistic Model for Information Storage and Organization in the Brain, in: *Psychological Review* 65(6), 1958, S. 386-408)

schen den Knotenpunkten eines künstlichen neuronalen Netzes bezeichnet. Diese Gewichte veränderten sich fortlaufend, abhängig von den „Erkenntnissen" des Netzes – je häufiger eine Verbindung genutzt wurde, desto weniger Widerstand setzte sie den folgenden Strömen entgegen. Genau das wollten die Forscher erzielen: maschinelles Lernen.

Heute noch sind die neuronalen Netzte von KI-Rechnern prinzipiell aus drei Teilen aufgebaut (Abb. 1.3):

- In der **Eingabeschicht** werden einlaufende Informationen über zufällige Verbindungen an die nächste Schicht des neuronalen Netzes weitergeleitet.
- In der **verborgenen Schicht** werden die empfangenen Informationen von Neuron zu Neuron bis zur Ausgabeschicht weitergereicht. Während Ein- und Ausgabeschicht je aus einer einzigen Ebene bestehen, sind hier beliebig viele Ebenen oder Layer hintereinandergeschaltet. In jeder Ebene der verborgenen Schicht wird die Information neu gewichtet. Nur wenige hintereinandergeschaltete Ebenen genügen, damit die verborgene Schicht ihrem Namen gerecht wird: Sie wird zu einer Black Box, in der sich das Geschehen vom Menschen nicht mehr nachvollziehen lässt.
- Die **Ausgabeschicht** besteht aus den Output-Neuronen, die die resultierende Information herausgeben.

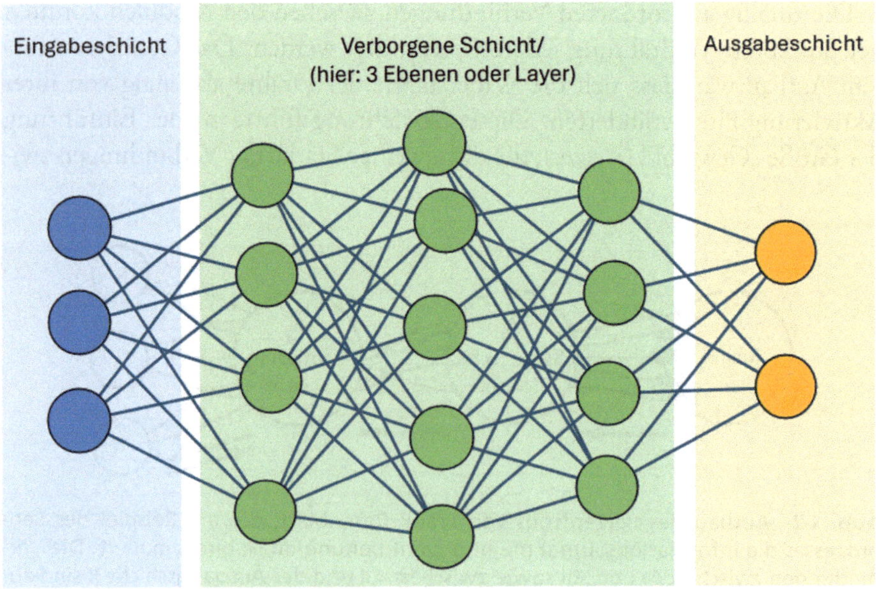

Abb. 1.3 Schematische Darstellung der Schichten in einem KI-Rechner. (Grafik: B. Burchardt)

Aufbruchstimmung im Kälteschock

In den 1950er-Jahren waren die Erwartungen an die Möglichkeiten, künstliche Intelligenz zu entwickeln, fast grenzenlos. Sowohl Forscher als auch Geldgeber erwarteten, dass bis Ende der 1960er-Jahre ein Computer ähnlich intelligent sein könnte wie ein Mensch. Die KI-Projekte wurden großzügig finanziert, in den USA war die dem Verteidigungsministerium unterstellte Defense Advanced Research Projects Agency (DARPA) die zuständige Behörde. Doch nach den ersten Erfolgen wurde die Forschung zäh. Das Damespielen klappte recht gut, das Schachspielen schon deutlich weniger, und das Übersetzen von einer Sprache in die anderen ließ sehr zu wünschen übrig.

Ein IBM-Großrechner an der University of Georgetown war 1954 so programmiert, dass er mit einem 250 Wörter umfassenden Wortschatz und sechs Grammatikregeln vom Russischen ins Englische übersetzen konnte. Er arbeitete zwar alles andere als fehlerfrei, hatte aber hohe Fördergelder generieren können. Auch in Europa, Russland, China und Japan wurde an Übersetzungsprogrammen geforscht. Es zeigte sich jedoch, dass die Methode, mit sogenannten naiven Algorithmen Wort für Wort in die andere Sprache zu übertragen, nicht weit führte. Die sieben Mitglieder des in den USA beheimateten *Automatic Language Processing Advisory Committee* (ALPAC) erkannten in ihrem Bericht von 1966

> „keine unmittelbare oder vorhersehbare Aussicht auf maschinelle Übersetzung".

Man hatte die Mehrdeutigkeit von Sprache unterschätzt und damit auch die enorme Menge an Basisinformationen, über die ein Mensch oder auch eine Maschine verfügen muss, um einem Text eine sinnvolle Bedeutung zuzuordnen. Gleichzeitig war die Komplexität und Leistungsfähigkeit des Gehirns massiv unterschätzt worden. Die folgenden drei Fakten sollen dies verdeutlichen.

Erstens: Heute ist bekannt, dass das menschliche Gehirn aus etwa 86 Mrd. Nervenzellen besteht (die frühere Schätzung von 100 Mrd. hat sich als zu hoch gegriffen herausgestellt). Jede Nervenzelle besitzt 1 bis über 100.000 Verbindungen zu anderen Nervenzellen; im Mittel sind es ungefähr 1000 Kontaktpunkte pro Nervenzelle und damit 10^{14} Kontaktpunkte insgesamt. Diese komplexe Vernetzung des menschlichen Gehirns konnte erst ab den 2020er-Jahren von den leistungsstärksten KI-Rechnern erreicht und übertroffen werden. Die Gesamtlänge der Nervenbahnen des Gehirns beträgt übrigens mehr als 5 Mio. km!

Zweitens: Auch die Wandlungsfähigkeit des Gehirns war verkannt worden. Bis zum Ende des 20. Jahrhunderts hatten Hirnforscher vermutet, dass Gehirne statische Organe sind und nur die sich noch ausbildenden Gehirne von Kindern eine sogenannte Neuroplastizität aufweisen. Dass auch bei Erwachsenen bestimmte Schädigungen des Gehirns kompensiert werden können, indem andere Teile die betroffenen Funktionen übernehmen, wurde schlichtweg übersehen. Erst der Nachweis der Neurowissenschaftlerin Elizabeth Gould, dass in den Gehirnen adulter Primaten neue Nervenzellen gebildet werden, leitete im Jahr 1999 eine Wende ein. Nun richtete sich die Aufmerksamkeit darauf, dass auch beim erwachsenen Menschen kontinuierlich die Verbindungen zwischen den Nervenzellen neu auf- und abgebaut werden. Häufig benutzte Nervenbahnen werden durch zusätzliche Verbindungen gestärkt. Bahnen, die nicht mehr relevant sind, werden schwächer. Das Gehirn arbeitet also nach dem Prinzip „Use it or lose it".

Drittens: Nervenzellen sind keine 0/1-Module. An jeder Synapse kann die Effektivität der Signalübertragung unterschiedlich eingestellt sein. Die Menge an ausgeschütteten Botenstoffen und auch die Anzahl der Rezeptoren für diese Botenstoffe sind veränderlich. Aufgrund dieser sogenannten synaptischen Plastizität werden Signale variabler Intensität auf die nächste Zelle übertragen.

Je mehr Wissen über das Gehirn gesammelt wurde, desto deutlicher wurde, dass es eben nicht als Maschine mit statischer Verdrahtung und fest installiertem Programm funktioniert, sondern als flexibel organisiertes neuronales Netz, das in einem nie endenden Lernprozess die Gewichtung einlaufender Informationen immer wieder neu austariert. Genau in dieser Flexibilität liegt der Erfolg des Gehirns.

Ende der 1960er-Jahre endete die erste euphorische Phase der Künstlichen Intelligenz, denn es schien kaum möglich zu sein, diese Komplexität nachzubauen. Die meisten Forscher arbeiteten mit Digitalrechnern, die nach der von John von Neumann 1945 beschriebenen Art Informationen sequenziell verarbeiten. Die Aufgaben werden also Schritt für Schritt bewältigt, eine Leistungssteigerung ist nur durch eine zunehmende Rechengeschwindigkeit möglich. Diese „Von-Neumann-Architektur", die in heutigen Rechnern noch der Standard ist, erlaubt kein paralleles Arbeiten und ist für die Entwicklung von KI ungeeignet. Obwohl moderne Von-Neumann-Computer mit ihrer Taktfrequenz im Gigahertzbereich bis zu einigen Milliarden Operationen pro Sekunde ausführen können, und damit die Taktfrequenz des menschlichen Gehirns (manche setzen diese mit einem Kilohertz an, also 1000 Operationen pro Sekunde) um Größenordnungen übertreffen, kommt die Leistungsfähigkeit dieser Maschinen nicht annähernd an die des flexibel organisierten neuronalen Netzes des menschlichen Gehirns heran.

Auch die Forscher, die statt mit der Von-Neumann-Architektur mit neuronalen Netzen arbeiteten, kamen nicht recht weiter. Marvin Minsky und sein Kollege Seymour Papert (1928–2016) veröffentlichten 1969 ein Buch mit dem Titel „Perceptrons. An Introduction to Computational Geometry“, das sich kritisch zu den verwendeten neuronalen Netzen äußerte und auf ihre Grenzen hinwies. Im Folgejahr fuhr die DARPA die Finanzierung von KI-Projekten in den USA massiv zurück. In Großbritannien schlug der Lighthill-Report von 1973 in dieselbe Kerbe. Der britische Mathematiker John Lighthill evaluierte die bereits erzielten Fortschritte der KI-Forschung und traf ein vernichtendes Urteil:

> „In keinem Bereich des Fachgebiets haben die bisher gemachten Entdeckungen die versprochenen Umwälzungen erzeugt.“

In direkter Folge strich die britische Regierung fast allen britischen Universitäten die Finanzierung der KI-Forschung. Der „KI-Winter“ begann.

Insgesamt waren die 1970er-Jahre für KI-Forscher sehr schwierig. 1976 wurde zwar erstmals mit Hilfe eines Computers ein mathematischer Beweis erbracht, doch es handelte sich um reine Rechenleistung und nicht um Künstliche Intelligenz. Das berühmte Theorem des Vier-Farben-Satzes hatte schon über hundert Jahre lang die Mathematiker geärgert: Wie lässt sich beweisen, dass jede denkbare Landkarte mit vier Farben illustriert werden kann, ohne dass Felder derselben Farbe eine gemeinsame Grenze besitzen? Oder gibt es etwa einen Gegenbeweis? Die Mathematiker Ken Appel und Wolfgang Haken fanden 1977 einen Weg, der die Anzahl der problematischen Fälle von Unendlich auf 1936 reduzierte (spätere Versionen verringerten diese Anzahl weiter). Mit Hilfe der Rechenleistung eines Von-Neumann-Computers konnte jeder einzelne Fall geprüft werden und so der endgültige Beweis geführt werden. Als „elegant“ gilt dieser Beweis nicht, er wird von einigen Mathematikern auch nicht als ein solcher anerkannt.

In den 1980er-Jahren läutete der US-amerikanische Neurowissenschaftler und spätere Nobelpreisträger John Hopfield (*1933) mit der Einführung von Deep Learning einen neuen Aufschwung in der KI-Forschung ein. Sein Ansatz war es, die Anzahl der versteckten Ebenen der versteckten Schicht zwischen Eingabe- und Ausgabeschicht enorm zu erhöhen. Zuvor hatten neuronale Netze nur zwei bis drei versteckte Ebenen enthalten, in den 1990er-Jahren wurde diese Zahl stetig ausgeweitet. Mit der Zeit wurden Computer leistungsfähig genug, um sogar bis zu 150 Ebenen abzubilden.

1997 verbesserten der Deutsche Sepp Hochreiter (*1967) und sein Doktorvater Jürgen Schmidhuber (*1963) die Deep-Learning-Technik durch die LSTM-Methode (*Long Short-Term Memory*), mit der komplexe Aufgabenstellungen wie maschinelle Übersetzung und Spracherkennung große Fortschritte machten. Im gleichen Jahr schlug der Computer Deep Blue von IBM den damaligen Schachweltmeister Garri Kasparow im Schachspiel mit 3,5:2,5 (zwei Siege, eine Niederlage, dreimal Remis). Schon im Jahr zuvor hatte Deep Blue zwei Partien gegen Kasparow gewonnen, das gesamte Duell aber mit 2:4 verloren. Der Computer war mit allen Partien, die der Großmeister jemals gespielt hatte, gefüttert worden und konnte mit seinem 36-Gigabyte-Arbeitsspeicher – diesen Wert erreichen heutige Spielecomputer für den privaten Bereich mühelos – die Erfolgsaussichten von bis zu 200 Mio. Stellungen pro Sekunde bewerten. Auch wenn bis heute dieses Ereignis in den Medien und sogar in großen Teilen der Fachwelt als ein erster bedeutender Sieg von KI über den Menschen gewertet wird, war der Sieg über Kasparow das reine Muskelspiel eines Rechners, der eben *nicht* lernen konnte. Seine Leistung verdankte er allein seiner Schnelligkeit und seinem Zugriff auf große Datenmengen. Trotzdem katapultierte der Sieg einer Maschine über einen Menschen das Thema KI wieder zurück in die Öffentlichkeit.

Als im März 2016 das KI-gesteuerte System *AlphaGo* gegen Lee Sedol im Go-Spiel antrat und ihn in fünf Spielen mit 4:1 besiegte, war Deep Learning mit im Spiel. Go ist mit seinen $2{,}08 \bullet 10^{170}$ möglichen Zügen deutlich komplexer als das Schachspiel, Spieler müssen sich sowohl auf ihre Logik als auch auf ihre Intuition verlassen können, um zu gewinnen. Lee Sedol, mit 18 internationalen Titeln einer der erfolgreichsten Go-Spieler überhaupt, war sich sicher, dass ein Computer weder die nötige Rechenleistung noch die erforderliche Kreativität aufbringen könne, um ihm gefährlich zu werden. Doch *AlphaGo* schränkte mit seinen Lernalgorithmen die Gesamtheit der möglichen Züge, deren Anzahl die Zahl der Atome im Weltall um das 10^{90}-fache übersteigt, auf eine sinnvolle Menge ein und berechnete dann den Zug, der am erfolgversprechendsten war. Berühmt wurde Zug 37 im zweiten Spiel. Als der Stein gesetzt wurde, ging ein Stöhnen durch den Saal. Die Kommentatoren waren sich einig, dass der Computer einen Fehler gemacht hatte. Auch Sedol war überrascht, musste dann aber erkennen, dass der Zug genial war. Fan Hui, dreimaliger Go-Europa-Meister, sagte später über Zug 37:

> „It's not a human move. I've never seen a human play this move. So beautiful."

Ein weiteres Schlaglicht wirft Zug 78 im vierten Spiel auf diese Auseinandersetzung von Mensch und Maschine: Lee Sedol wagte einen Zug, der ihm seinen einzigen Sieg in diesem Duell einbrachte. Kenner bezeichnen diesen Zug als ebenso brillant wie Zug 37 von *AlphaGo*. Lee Sedol meinte dazu, dass er seinen überraschenden Spielzug wohl nie ausgeführt hätte, wenn er nicht zuvor Zug 37 gesehen hätte.

Der Mensch hatte von der Maschine gelernt.

2

Intelligenz und Bewusstsein

Warum zukünftige KI ohne Philosophie nicht denkbar ist

Kleiner Spoiler vorneweg: Weder für menschliche noch für künstliche Intelligenz gibt es eine allgemeingültige Definition, denn gerade das, was uns Menschen so erfolgreich macht, ist schwer zu fassen. Aber wie soll man sich ernsthaft und fundiert mit Künstlicher Intelligenz auseinandersetzen, wenn nicht klar ist, was überhaupt darunter zu verstehen ist? Die Beschäftigung mit Intelligenz und Bewusstsein führt über die logisch-rationale Wissenschaft hinaus und berührt metaphysische, also die Grenzen der Physik überschreitende Zusammenhänge. Wir betreten damit ein Feld, in dem sich die Philosophie gut auskennt. Auf den ersten Blick scheinen Wissenschaft und Philosophie nur wenige gemeinsame Nenner zu haben. Doch ein Blick in die Wissenschaftsgeschichte zeigt etwas ganz anderes.

Die Heroen der Wissenschaft, die Ende des 19. und Anfang des 20. Jahrhunderts die Welt veränderten, hatten fast durchgehend zwei Gemeinsamkeiten:

- Sie waren Europäer, meist aus dem deutschsprachigen Raum. Die Wissenschaftssprache war Deutsch; internationale Konferenzen wurden in dieser Sprache abgehalten.
- Sie waren zugleich Philosophen und Wissenschaftler. Zum Beispiel wurde der erbitterte Streit darüber, ob Licht als eine Welle zu begreifen ist oder Teilchencharakter besitzt, sowohl mit physikalischen als auch philosophischen Argumenten geführt. Und auch in der Auseinandersetzung da-

© Der/die Autor(en), exklusiv lizenziert an Springer-Verlag GmbH, DE, ein Teil von Springer Nature 2025

L. Jaeger, A. Naji, *Künstliche Intelligenz und Mensch*,
https://doi.org/10.1007/978-3-662-72145-2_2

rüber, ob nur das existiert, was man messen kann, oder ob Existenz darüber hinaus geht, dachten sie tiefgründig über die philosophische Bedeutung ihrer jeweiligen Theorien nach.

Der berühmteste Vertreter dieser Blütezeit der Wissenschaften war Albert Einstein. Für ihn gehörte die philosophische Auseinandersetzung mit wissenschaftlichen Erkenntnissen untrennbar zu seiner Arbeit. Zum Beispiel konnte er Zeit seines Lebens nicht akzeptieren, dass sich die Quantenphysik von der seit Newtons Zeiten geltenden Gewissheit löste, jedes Phänomen ließe sich nach dem Prinzip von Ursache und Wirkung erklären. Dass zum Beispiel – anders als bei einer abgeschossenen Kanonenkugel – nicht berechnet werden kann, wo sich ein einzelnes Quantenteilchen zu einem bestimmten Zeitpunkt genau aufhält, passte nicht in sein Weltbild.

In dem Brief, den er 1926 an Max Born, einen der Väter der Quantenphysik schrieb, kommt sein Streben zum Ausdruck, das „Große Ganze" zu erfassen:

> „Die Theorie liefert viel, aber dem Geheimnis des Alten [gemeint ist nicht ‚Gott', sondern das universelle Prinzip] bringt sie uns kaum näher. Jedenfalls bin ich überzeugt, daß der nicht würfelt."

In jener Zeit leitete die europäische wissenschaftliche Tradition aus experimentellen Beobachtungen passende theoretische und philosophische Konzepte ab und setzte erst dann die Vorstellungen in Mathematik um. Ab Mitte des 20. Jahrhunderts wurde diese Reihenfolge auf den Kopf gestellt. Nach dem Zweiten Weltkrieg lag Europa am Boden, Deutschland hatte sich durch seine unsägliche Ideologie auch im wissenschaftlichen Bereich zugrunde gerichtet. Nun beherrschten amerikanische Wissenschaftler das Geschehen, innerhalb weniger Jahre wurde Englisch die Sprache, in der sich Wissenschaftler austauschten. Viele wendeten eine immer abstrakter werdende Mathematik an, um geeignete Theorien zu finden und suchten erst dann nach Experimenten, um ihre Vermutungen zu überprüfen. Das in den 1960er- und 1970er-Jahren entstandene und bis heute gültige und ständig weiterentwickelte Standardmodell der Teilchenphysik, an dem vor allem US-amerikanische Forscher beteiligt waren, ist ein typisches Beispiel für die pragmatische und nüchterne Art, Wissenschaft zu betreiben: mathematisch und technisch virtuos, aber ohne Bestrebung, sich mit schwierigen begrifflichen Problemen und philosophischen Fragestellungen zu beschäftigen. Das tiefere „Warum" bleibt für die meisten Phänomene unbeantwortet. Die Eleganz und Klarheit, wie sie die Relativitätstheorie Einsteins (trotz ihrer mathematischen Komplexität) ausstrahlt, sucht man vergebens.

Doch seit einiger Zeit hält vor allem in Fachgebieten, die extrem komplexe Fragestellungen behandeln, die Philosophie wieder Einzug in die Diskussion. Eigentlich bilden die sechs Jahrzehnte zwischen 1940, als die transatlantische Wissenschaft federführend wurde, und der Jahrtausendwende nur eine kurze Zäsur innerhalb der 400-jährigen Wissenschaftsgeschichte, in der Naturwissenschaft ohne Philosophie und eine über die reine Physik hinausreichende Spiritualität nicht denkbar waren. Spiritualität ist hier natürlich nicht als obskure New-Age-Ausprägung zu verstehen. Und auch die Religion als Teilbereich der Spiritualität kann nicht gemeint sein, da sie den grundlegenden Prinzipien der Wissenschaft diametral entgegensteht. Denn ein fruchtbarer Dialog zwischen Wissenschaft und Religion scheitert oft daran, dass sich Religion weder mit nachprüfbaren Wahrheitskriterien befasst noch ihre Dogmen zur Diskussion stellt.

Eine Zusammenarbeit von Wissenschaft und Philosophie ist dagegen überaus sinnvoll. Beide Fachgebiete widmen sich der ernsthaften und intellektuell aufrichtigen Suche nach Wahrheit, und beide sind bestrebt, die Bedingungen der menschlichen Existenz zu erleichtern und Leid zu vermindern. Die Forschung zur Künstlichen Intelligenz bedarf der Philosophie sogar in ganz besonderem Maße, denn sie ist immer mit ethischen Fragestellungen verbunden. Eine zentrale Fragestellung in der Zusammenarbeit von Wissenschaft und Philosophie berührt die Begriffe Intelligenz und Bewusstsein.

Brute Force oder Intelligenz?

Wo fängt Intelligenz an? Quallen gehören zu den ältesten Tiergruppen der Erdgeschichte. Sie besitzen nur einige tausend Nervenzellen, die fast alle am Rand ihres Schirms angeordnet sind. Ein zentrales Gehirn gibt es nicht, und statt Sinnesorganen übernehmen einzelne Sinneszellen den Kontakt zur Außenwelt. Einige von ihnen sind lichtempfindlich, andere reagieren auf Schwerkraft. Wird eine Nervenzelle gereizt, zum Beispiel wenn die Qualle an ein Hindernis stößt, pflanzt sich das Signal über das ringförmige Neuronennetz fort und kann eine Reaktion bewirken. Ihr sehr primitives Nervensystem befähigt die Qualle, Nahrung aufzunehmen und sich fortzupflanzen. Damit ist ihr Überleben gesichert. Doch Quallen können mehr. Forscher der Universität Kiel zeigten 2023 durch ein einfaches Experiment, dass selbst ein so primitives Nervensystem wie das der Quallen lernfähig ist. Sie setzten einige Exemplare in ein Becken, dessen Wand in verschiedenen Graustufen eingefärbt war. Zuerst stießen die Versuchstiere häufig an die hellen Stellen, denn in ihrer natürlichen Umgebung weisen nur dunkle Schemen auf mangelnden

Platz zum Schwimmen hin, helle Stellen stehen für „freie Bahn“. Nach nur wenigen Minuten begannen die Quallen, einen größeren Abstand auch von den hellen Bereichen der Begrenzung einzuhalten.

Sind Quallen also intelligent? Ganz allgemein könnte man Intelligenz als Fähigkeit eines Lebewesens bezeichnen, sich in neuen Situationen zurechtzufinden und auftretende Probleme zu lösen. Die meisten Definitionsansätze gehen allerdings davon aus, dass diese Anpassung kognitiv, also durch Denken geschehen muss, damit ein Lebewesen als intelligent gelten kann. Damit steht gleich die nächste Frage im Raum, auf die es noch keine Antwort gibt: Was ist eigentlich Denken?

Bei einer Qualle wird wohl niemand von Denkfähigkeit sprechen, doch eines schafft sie dank ihres relativ simplen Verbandes aus Nervenzellen zweifelsfrei: Sie verarbeitet Sinneseindrücke und generiert daraus lebenserhaltende Reaktionen – offenbar ist sie auch in gewissem Maße lernfähig. Das tut diese Tiergruppe immerhin so erfolgreich, dass sie seit nunmehr 670 Mio. Jahren existiert. Das Gehirn des Menschen besteht aus denselben Grundbausteinen wie das Nervensystem der Quallen: Nervenzellen. Doch in seinem geradezu monströs aufgewölbten Großhirn besitzt der Mensch deutlich mehr neuronale Verbindungen als jedes andere Tier. Mit der Komplexität der Verschaltungen ist die Anpassungs- und Problemlösungsfähigkeit sprunghaft angestiegen. Ohne sie gäbe es keine Beherrschung des Feuers, keinen Werkzeuggebrauch, keine Sesshaftigkeit in schwierigen Umgebungen und auch keine Wissenschaft. Doch wo genau liegt der Übergang zwischen dem scheinbar simplen Reiz-Reaktionsmuster der Qualle und menschlicher Intelligenz?

Diese Fragestellung lässt sich direkt auf Künstliche Intelligenz übertragen. Wenn ein PC nach vorgegebenen Algorithmen und mit fester Datenbasis Tabellenwerte berechnet, ist das kein Zeichen von Intelligenz. Wie bereits gezeigt war auch der IBM-Rechner Deep Blue, der 1997 den Schachweltmeister Garri Kasparow schlug, nicht intelligent. Denn dieser Computer wendete nichts anderes als die sogenannte Strategie A an, auch Brute-Force-Methode genannt: Kraft seiner enormen Leistungsfähigkeit rechnete der Computer nach einem vom Menschen vorgegebenen Programm und mit Zugriff auf eine Datenbank die Erfolgswahrscheinlichkeiten aller möglichen Züge durch.

In Sachen Brute Force haben die Maschinen den Menschen übrigens längst überholt. Die Rechenleistung des menschlichen Gehirns wird auf 1 bis 100 Petaflops geschätzt, das sind 10^{15} bzw. 10^{17} Operationen pro Sekunde. 2023 war der Supercomputer Frontier am Oak Ridge National Laboratory in Tennessee der weltweit schnellste Rechner. Mit einer Rechenleistung von $1{,}19 \cdot 10^{18}$ Operationen pro Sekunde übertraf er die des Gehirns deutlich. Während die prinzipielle Leistungsfähigkeit des menschlichen Gehirns in den letzten 25.000 Jahren oder sogar noch länger wohl konstant blieb (einige Neurologen sagen sogar eine langsame Reduzierung voraus), wird die Leistungsfähigkeit von Computern rasant weiter ansteigen. Was Computer in absehbarer Zeit nicht erreichen werden, ist die beeindruckende Energieeffizienz eines biologischen Gehirns.

Längst gibt es Schachcomputer, die Strategie B anwenden: Sie sind fähig, sinnlose von sinnvollen Zügen zu unterscheiden und müssen deshalb nicht blind alle Züge durchrechnen. Dieses Vorgehen hat schon mehr mit Denkprozessen zu tun, wie sie beim Menschen bekannt sind. Denn auch ein menschlicher Schachspieler bedenkt nicht alle Möglichkeiten, sondern blendet auf bisher ungeklärtem Wege die unplausiblen Zugvarianten aus.

Natürlich besteht Intelligenz aus mehr als der Fähigkeit zum Schachspiel. Beim Menschen umfasst sie eine ganze Reihe von Bereichen: Sprachvermögen, logisches Denken, Merkfähigkeit, räumliches Denken, Abstraktionsvermögen und vieles mehr. IQ-Tests versuchen, all diese Fähigkeitsfelder abzufragen und zu quantifizieren, doch ihre Aussagekraft ist sehr begrenzt. Wie intelligent ist ein Mensch, der zwar ein hervorragendes räumliches Vorstellungsvermögen besitzt, sich aber nur sehr begrenzt etwas merken kann? Und wäre er oder sie intelligenter als jemand, bei dem diese Gaben genau andersherum verteilt sind? Welche Rolle spielen Kommunikationsfähigkeit, Kreativität, Motivation, Einfühlungsvermögen und ähnliche Faktoren? Wie stark fällt ins Gewicht, wie gut eine Testperson die Teilbereiche der Intelligenz miteinander in Verbindung bringen kann? Und wie sähe ein Intelligenztest für Gorillas oder Quallen aus?

Fakt ist: Es gibt keine allgemein gültige Definition von Intelligenz, weder in der Naturwissenschaft noch in der Philosophie. Doch so einfach, wie es Edwin Boring, einer der Väter der Intelligenzforschung (und Schöpfer der doppeldeutigen „Boring-Bilder") sich machte, können wir es uns nicht machen. Er formulierte schon 1923 lapidar: „Intelligenz ist das, was ein Intelligenztest testet". Was gehört also zu Intelligenz? „Probleme lösen" und „Lernen" sind irgendwie mit dabei. Ob auch „Denken" eine Voraussetzung ist – und was das überhaupt ist – ist Ansichtssache. Einen Einfluss auf die diskutierten Merkmale von Intelligenz hatte lange Zeit auch der Umstand, dass Menschen nur sehr widerwillig ihren Mitgeschöpfen, den Tieren, Intelligenz zubilligten. Als zum Beispiel entdeckt wurden, dass manche Werkzeuge nutzen und sogar absichtsvoll herstellen, waren die Bestrebungen nicht weit, Intelligenz so zu definieren, dass der Mensch weiter als Krone der Schöpfung gelten konnte.

Den Kampf um den Status als „einzig intelligentes Lebewesen" haben wir längst verloren. Eine mittlerweile unüberschaubare Artenzahl quer durchs

Tierreich hat sich auch bei Anwendung hoher Maßstäbe als intelligent erwiesen. Das Unterscheidungsmerkmal Intelligenz ist von einem quantitativen zu einem qualitativen Merkmal geworden. So wie bei vielen Tieren lautet auch bei KI-Anwendungen, die immer bessere Lern- und Problemlösungsfähigkeiten zeigen, die Frage heute nicht mehr: „Sind sie intelligent?", sondern: „Wie intelligent sind sie?" Bei den Maschinen kommt eine Frage nun hinzu: „Wann werden sie die Intelligenz des Menschen übertreffen?"

Schwache KI ohne Innenleben

Eine wichtige Fähigkeit, die Maschinen intelligent machen kann, ist das maschinelle Lernen (ML). Lernen bedeutet für einen Rechner, dass er die ihm zum Start vorgegebenen Regeln autonom verändert. Erst solche internen Optimierungsprozesse machen hochkomplexe Leistungen wie Sprachübersetzungen und das Erkennen von Bildern und Mustern auf hohem Niveau möglich. Auch die Suchmaschinen, die hinter *Siri* und *Alexa* stehen und gigantische Datenmengen nach Informationen durchforsten, sowie selbstfahrende Autos optimieren ihre Ergebnisse durch fortlaufende interne Verbesserungen. Diese Lernprozesse machen wirkliche Alltagstauglichkeit erst möglich.

Eine besonders erfolgreiche Spielart des maschinellen Lernens ist das Deep Learning, das sich nicht auf Computer mit der üblichen Von-Neumann-Architektur stützt, sondern auf künstliche neuronale Netze. Zur Erinnerung: Solch ein Netz, das zwischen Eingabe- und Ausgabeschicht aus „elektronischen Neuronen" über weitere, versteckte Ebenen oder Layer verfügt, setzen Minsky und Edmonds schon 1951 für ihren SNARC ein. Doch erst seit den 2000er-Jahren ist ihre Rechenleistung hoch genug, sodass diese Methode ihre Vorteile immer besser ausspielen kann. Die Erfolge sind erstaunlich, und die Wege dorthin auch von ihren Schöpfern nicht mehr nachzuvollziehen. 2016 ersetzte Google sein statistisches Modell zur Textübersetzung durch ein selbstlernendes neuronales Netzwerk. Die Daten, mit denen das System gefüttert worden war, befähigten es, zum Beispiel zwischen den Sprachen A und B und zwischen A und C zu übersetzen. Durch Deep Learning erzeugte das Netz ganz von allein eine eigene „Zwischensprache", mit deren Hilfe es die Sprachen B und C miteinander verbinden konnte, ohne dass es jemals mit Daten zu dieser Paarung in Berührung gekommen war. Anfangs standen acht Sprachen zur Auswahl. Mittlerweile sind 243 Sprachen, von Afrikaans bis Zulu, miteinander verbunden (Stand 2025). Mittelfristig hat Google die „*1000 Languages Initiative*" ausgegeben, bei der die 1000 meist gesprochenen Sprachen der Welt mit neuester KI-Technologie übersetzt werden können.

Neben der Sprachübersetzung gibt es noch viele weitere Bereiche, in denen KI systematisch Informationen aus großen Datenmengen autonom auswählt und verarbeitet. Zum Beispiel lassen Unternehmen ihre Kundendaten von KI auswerten, um möglichst passgenau auf die Bedürfnisse der Kunden reagieren zu können. Sie setzen auch Bots ein, die mündliche und schriftliche Eingaben von Kunden erfassen und passende Lösungen finden. Schon heute ist zumindest die erste Stufe des Kundendienstes größerer Firmen nur durch KI besetzt.

Lange Zeit tat sich KI schwer mit dem Erkennen von Mustern und Bildern – immerhin eine Fähigkeit, die Menschen schon in frühester Kindheit entwickeln. Deep Learning hat hier große Fortschritte ermöglicht. 2015 sicherte sich IBM für 1 Mrd. US-Dollar den Datenschatz von 30 Mrd. Röntgenbildern und MRT-Aufnahmen. Anhand dieser Bilder wurde KI trainiert, Auffälligkeiten zu erkennen. Innerhalb kurzer Zeit lag die Fehlerquote des IBM-eigenen KI-Systems *Watson* unter der des Menschen. Ein europäischer Forschungsverbund arbeitet seit Ende 2023 sehr erfolgversprechend im Projekt PREDICTOM an der KI-basierten Früherkennung von Alzheimer bzw. Demenz.

Bei der motorischen Intelligenz sieht es allerdings noch anders aus. Intelligente Maschinen, die einen Körper besitzen und sich aktiv in der realen Welt bewegen können, können die Einsatzmöglichkeiten von KI noch einmal sprunghaft erweitern. Doch roboterähnliche KI ist immer noch ein Stück davon entfernt, an die Gegebenheiten angepasste, komplexe Bewegungen absolut zuverlässig auszuführen. Schon an der Aufgabe, einen Roboter mit zwei Beinen über unebenes Gelände laufen zu lassen und im Weg stehende Hindernisse sicher zu erkennen – die meisten Kinder beherrschen das mit ein, zwei Jahren mühelos – beißen sich Wissenschaftler und Ingenieure seit Jahrzehnten die Zähne aus. Der Ende 2024 vorgestellte neue *Atlas*-Roboter von Boston Dynamics kann zweibeinig viele Aufgaben erledigen, ist allerdings noch weit von der Selbstverständlichkeit menschlichen Laufens entfernt.

Ähnliches gilt für das autonome Fahren. In überschaubaren Umgebungen, zum Beispiel in Lagerhallen sowie auf Hafen- und Flughafengeländen, werden sich selbstständig fortbewegende Fahrzeuge mit Erfolg eingesetzt. Doch die Versuche, sie in den öffentlichen Straßenverkehr zu integrieren, haben noch schwer mit technischen und rechtlichen Problemen zu kämpfen. Zum Beispiel durften die Alphabet-Tochter Waymo und die General-Motors-Tochter Cruise in San Francisco und einigen anderen Städten im Westen der USA ab August 2023 einen kommerziellen Fahrservice KI-gesteuerter Vehikel anbieten. In den folgenden Wochen häuften sich die Beschwerden über Robotaxis, die Verkehrsstörungen verursachten und Ersthelfer behinderten. Es gab sogar eine Kollision mit einem Fahrzeug der Feuerwehr. Als im Oktober eine Frau von einem Robotaxi angefahren und unter ihm eingeklemmt wurde, weil das Fahrzeug noch einige Meter weiterfuhr, verschwanden die Robotaxis wieder aus dem Straßenbild. Cruise hat seinen Betrieb zunächst einstellen müssen. Und GM hat seine Unterstützung für das Projekt im Dezember 2024 vollständig eingestellt. Ebenso erging es Elon Musks Projekt eines Robotaxis, das im Juni 2025 in Austin, Texas seinen regulären Dienst aufnehmen sollte: Testfahrer und Passanten berichteten von haarsträubenden Szenen. Dass diese Wagen nur KI-gesteuert Kameradaten benutzten – also kein Radar oder ähnliches – schien das besondere Problem dieses Projektes zu sein. In Europa sind autonom fahrende Autos nur in sehr begrenztem Maße und unter strenger menschlicher Aufsicht im Einsatz.

Auch in anderen sensiblen Einsatzbereichen muss immer noch der Mensch als Supervisor die eingesetzten KI-Systeme im Blick behalten. Das gilt zum Beispiel für Pflege-Roboter in Altenheimen oder für KI-Operationshelfer in der Chirurgie.

Rasante Entwicklungen gibt es auf dem Gebiet „affektives Computing". Dieser Forschungszweig beschäftigt sich damit, menschliche Emotionen und Gesundheitszustände der KI zugänglich zu machen. Seit Beginn der 2000er-Jahre kann KI immer besser Mimik und Körpersprache seiner Nutzer erkennen. Die Informationen verwendete sie anfangs unter anderem für eine zielgenauere Werbung, für gesteigerte Erlebnisse bei Computerspielen mit virtuellen Charakteren und für die passgenau auf Abonnenten abgestimmte Empfehlung von Film- und Musiktiteln. Zehn Jahre später begann das affektive Computing den Medizinbereich zu erobern. Hier wird KI zum Beispiel eingesetzt, um depressive Symptome schneller zu diagnostizieren.

Alle heute existierenden Anwendungen und Fähigkeiten von Künstlicher Intelligenz (Stand 2025) können wir unter dem Begriff „Schwache KI" zusammenfassen. Sie ist darauf ausgelegt, mit Hilfe von maschinellem Lernen und anderen Optimierungsprozessen konkrete Probleme zu lösen. Wenn es eine Schwache KI gibt, was ist dann eine „Starke KI"? Und wäre sie etwas anderes als eine „einfache Superintelligenz" oder eine *Artificial General Intelligence* (AGI)?

Superintelligenz könnte man vielleicht so definieren: Wenn wir mit einer solchen KI diskutieren, egal über was, wir würden verlieren. Aber das könnte auch nur auf überlegenes Wissen zurückzuführen sein. Und auf Geschwindigkeit und Präzision, mit der Antworten generiert werden können.

Artificial General Intelligence gibt es nach Ansicht der meisten Fachleute bislang nur in der Theorie. Sie könnte frei operieren, planen und kreativ sein. Sie könnte die trainierten Pfade verlassen und sich durch aktives Lernen jedes Wissensgebiet erschließen. Einzelne KI-Systeme sind heute schon in der Lage, sich autonom neue Betätigungsfelder zu erschließen. In begrenzten Anwendungsfeldern kann KI bereits dem Menschen das Wasser reichen, übertrifft ihn teilweise sogar. Wenn sich jemals eine AGI entwickelt, wird sie den Menschen wohl an Leistungsfähigkeit deutlich übertreffen. Denn sie wäre nicht auf den Wissens- und Erfahrungsschatz eines einzelnen Menschen beschränkt, sondern könnte auf das weltweit gesammelte Wissen zurückgreifen.

Was hat also eine Starke KI zusätzlich? Mehr interne Verknüpfungen? Mehr Trainingsdaten? Viele Philosophen und KI-Wissenschaftler sind sich einig, dass eine wirklich universell einsetzbare Maschine Intelligenz nicht simulieren darf, sondern sie aus sich selbst heraus besitzen muss. Um das zu erreichen, müsste sie wohl eine entscheidende Fähigkeit entwickeln: Bewusstsein.

Königsmacher Bewusstsein

Wie für die Intelligenz gibt es auch für das Bewusstsein in Philosophie und Wissenschaft ganz unterschiedliche Erklärungsansätze. Die meisten Forscher gehen davon aus, dass Bewusstsein und eine Vorstellung vom „Ich" eng miteinander verbunden sind. Denn wer sich abstrakten Problemen zuwenden will, muss sich in seinem Denken von sich selbst lösen, sozusagen aus sich heraustreten. Philosophen bezeichnen diese Fähigkeit als den „menschlichen Geist". Doch um sich von sich selbst zu distanzieren, muss ein Mensch einen Begriff davon haben, was das „sich selbst", also das „Ich" überhaupt ist.

Bewusstsein und „Ich" sind vielfältig miteinander verbunden und bedingen einander.

- Das **Selbstbewusstsein** formt das „Ich" als Gegenstück zur äußeren Welt. Mit ihm werden wir uns als einzelne Individuen bewusst. Dabei erschafft unser Gehirn aus verarbeiteten Sinneseindrücken und abgespeicherten Erfahrungen eine innere Welt. Als „naive Realisten" glauben wir, dass die reale Welt um uns herum der mentalen „Ich"-Welt entspricht, die unser Gehirn uns präsentiert. Doch die objektive, reale Welt befindet sich nur ansatzweise in Deckung mit unserer inneren Welt. Zum Beispiel wandelt unser Gehirn die von unseren Augen wahrgenommenen elektromagnetischen Wellen im Frequenzbereich von ca. 400 bis 700 nm in eine Farbempfindung um. Die äußere Welt dagegen kennt keine Farben. Ludwig Wittgenstein schreibt in seinem „Tractatus Logico-Philosophicus": „Beiläufig gesprochen: Die Gegenstände sind farblos."

  Dasselbe gilt für das, was wir hören. Unser Gehirn gaukelt uns eine Welt vor, in der es verschiedene Tonhöhen gibt. Erst das Gehirn verarbeitet die über unsere Sinneszellen in den Ohren eintreffende Information zu etwas „Hörbarem". Unsere innere Welt, die ein bewusstes Bild von der objektiven äußeren Welt erzeugt, besitzt also eine starke subjektive Komponente.

- Genauso subjektiv wie das Selbstbewusstsein ist unser **phänomenales Bewusstsein**, das Empfindungen und Gefühle wahrnimmt. Wenn wir uns verbrennen, sendet unser Nervensystem elektrische Signale an das Gehirn. Der vom „Ich" subjektiv wahrgenommene Schmerz entsteht erst im Gehirn. Auch Emotionen wie Freude oder Wut sind eine interne, subjektive Angelegenheit. In der äußeren Welt sind sie nicht existent.
- Unser **intentionales Bewusstsein** befähigt uns, etwas zu beabsichtigen, zu wünschen, zu glauben oder auch zu befürchten. Mit ihm können wir uns zum Beispiel willentlich Welten vorstellen, die (noch) nicht oder nicht mehr existieren, und Pläne für die Zukunft machen. Zukunft und Vergangenheit sind individuelle, subjektive Ausprägungen, die unser Gehirn uns vermittelt.
- Unter anderem gibt es auch noch das **Körperbewusstsein**, das uns eine Landkarte unseres Körpers zur Verfügung stellt. Wir sind uns unserer Arme und Beine bewusst. „Sie gehören zu mir" können wir denken. Auch dies ist eine erstaunliche Fähigkeit. Woher weiß das „Ich", was zu ihm gehört? Und wo liegen die Grenzen zum Außen? Gibt es sie überhaupt?

All diese Bewusstseinssparten tragen dazu bei, ein inneres Modell der realen Welt zu erschaffen. Kinder brauchen Jahre, um diese Fähigkeit zu entwickeln. Erst als Jugendliche und Erwachsene haben sie gelernt, Informationen effizient zu verarbeiten, sozial zu interagieren, Pläne zu fassen usw. Doch wo ist dieses bewusste „Ich" im Gehirn zu finden? Sprache, Sehen, Hören, Emotionen empfinden – für alle möglichen Fähigkeiten wurden bestimmte Hirnareale identifiziert. Dagegen konnte für unsere Fähigkeit, eine innere Welt zu erschaffen, bisher kein Äquivalent gefunden werden. Nach Ansicht vieler Forscher ist unser „Ich", und damit auch unser Bewusstsein, nur eine mentale Konstruktion. Beides existiert nicht in der realen Welt.

Trotzdem verleiht die Erfindung des Bewusstseins der Spezies Mensch noch viel mehr Macht, als es die Intelligenz allein tut. Wir können über zukünftige Handlungen und vergangene Erfahrungen nachdenken, unsere Wahrnehmungen und Gefühle bewusst hinterfragen und unsere Aufmerksamkeit willentlich auf bestimmte Facetten der Außenwelt lenken, die uns wichtig erscheinen. Auch die soziale Kooperation wird erfolgreicher, denn wir können uns in andere Menschen hineinversetzen und versuchen, ihre Gedanken, Gefühle und Handlungen nachzuvollziehen. All diese Fähigkeiten fehlen der heutigen KI.

Wir können aufzählen, was unser Bewusstsein alles kann, doch wir sind weit von einer Erklärung entfernt, wie unser Bewusstsein funktioniert. Den größten Teil des 20. Jahrhunderts fokussierten sich die Neurowissenschaftler auf die einzelnen Bausteine des Gehirns: Wie funktionieren Nervenzellen? Wie nehmen sie Information auf und geben sie weiter? Welche Rolle spielen dabei die Botenstoffe und Hormone? Erst Anfang der 1990er-Jahre begann man sich wieder konsequent mit der Frage zu beschäftigen, ob das Bewusstsein mit bestimmten Zuständen und Arealen im Gehirn verknüpft werden kann. Lässt es sich vollständig aus dem Zusammenwirken all unserer Nervenzellen erklären? Oder ist da mehr?

Manche Neurowissenschaftler und Philosophen meinen, dass sich alles in der Natur und damit auch unser Bewusstsein auf materieller Basis erklären lässt – dieser Meinung waren schon die antiken Philosophen Demokrit und Epikur. Einige Vermutungen gehen zum Beispiel dahin, dass das „Ich" und damit auch das Bewusstsein durch ein synchrones, rhythmisch schwingendes Aktivierungsmuster von Neuronenverbänden zustande kommt. Der Brite Roger Penrose, der als höchst dekorierter Physiker und Mathematiker unter anderem den Nobelpreis verliehen bekam, brachte die Idee ins Spiel, an dem Phänomen des Bewusstseins könnten Quanteneffekte beteiligt sein. Eine Idee, die wahrscheinlich korrekt, aber für unsere Überlegung wenig hilfreich ist. Die grundlegende Frage können die sogenannten Materialisten nicht beantworten: Wie kann in einem zu 100 % objektiven Universum ein auf subjektives Erleben gründendes Bewusstsein entstehen? Vor allem drei Probleme machen ihnen zu schaffen:

- Das **Qualia-Problem**: Subjektive Empfindungen und Emotionen besitzen eine bestimmte Qualität, wir sehen Grün oder Blau, spüren Glücksgefühle oder fühlen uns niedergeschlagen. Deshalb werden sie auch als „Qualia" bezeichnet. Die Umstände, wie Signale im Gehirn verarbeitet werden und wie die Ausschüttung von Stresshormonen bestimmte Qualia erzeugt, sind gut untersucht. Doch niemand weiß, wie der Schritt zwischen solchen objektiv beobachtbaren neuronalen Zuständen und den Qualia aussieht. Wie wird aus messbaren Vorgängen im Gehirn ein bewusst wahrgenommenes Gefühl?
- Das **Intentionalitäts-Problem**: Genauso wenig wie das Entstehen von subjektiven Gefühls-Qualitäten lässt sich der Ursprung von persönlichen Wünschen und Vorstellungen erklären. Wie kann aus der objektiven und vollständig erklärbaren Tatsache, dass bestimmte Signale im Gehirn weitergeleitet werden, ein Wille entstehen?
- Das **„Ich"-Problem**: Es fehlt auch eine Erklärung dafür, warum Menschen sich als ein kohärentes Wesen wahrnehmen können. Dass unser „Ich" nicht zerfließt, sondern Zeit unseres Lebens erhalten bleibt, ist eine der erstaun-

lichsten Leistungen unseres Gehirns. Unser „Ich" hält alle Wahrnehmungen wie mit einer Klammer zusammen: „‚Ich' bin es, der all dies hört, schmeckt, fühlt, denkt." Die Kohärenz des „Ich" umfasst sogar Vergangenheit und Zukunft. Wir sind überzeugt, dass unser „Ich" heute dieselbe Person wie in der Vergangenheit beschreibt und dass das auch in der Zukunft so bleibt.

Das Qualia-, das Intentionalitäts- und das „Ich"-Problem sind die großen Hürden für ein rein materialistisches Weltbild, das viele Naturwissenschaftler anstreben. Wie lassen sich die Erklärungslücken füllen? Offenbar erschaffen die physikalischen und biochemischen Prozesse in komplexen neuronalen Netzwerken etwas, das über die Funktion der einzelnen Zellen hinausgeht und nicht an einzelne Hirnareale gebunden ist. Das Phänomen, dass das Ganze mehr ist als die Summe seiner Teile, wird Emergenz genannt. Es ist auch aus anderen komplexen Zusammenhängen in der Biologie bekannt. Zum Beispiel ist eine einzelne Ameise – wenn überhaupt – nur begrenzt intelligent. Ameisenvölker sind jedoch in der Lage, große Bauten mit ausgeklügeltem Belüftungssystem zu erschaffen, in deren Vorratskammern Pilze und Wurzelläuse als Nahrungsquellen gezüchtet werden.

Manche Forscher sind überzeugt, dass sich alles vollständig aus der Aktivität von Nervenzellen und Botenstoffen erklären lässt und auch die Emergenzen irgendwann auf Basis materieller Zusammenhänge erklärt werden können. Diese Denkrichtung wird „emergenter Materialismus" genannt. Andere glauben, dass sich „Ich" und Bewusstsein nur mit einer nicht-materialistischen Emergenz deuten lassen. Beide Lager haben schlichtweg keine Erklärung dafür, auf welche Weise das „Ich" und das Bewusstsein zustande kommen. Beide Lager schließen aber nicht aus, dass wir es eines Tages wissen werden.

Dagegen hält es eine dritte Gruppe aus zwei Gründen für prinzipiell unmöglich, das Bewusstsein zu erfassen. Argument eins: Logisch gesehen ist es nicht möglich, mit Hilfe unseres Bewusstseins unser Bewusstsein zu untersuchen. Argument zwei: Naturwissenschaft befasst sich mit Dingen und Zusammenhängen, die sich objektiv beobachten lassen. Überall auf der Welt fällt eine Kugel nach demselben Gravitationsgesetz zu Boden. Es ist nicht von Belang, ob die messende Person gerade einen guten oder einen schlechten Tag hat, ob sie jung oder alt ist. Sogar durch die Zeiten wird dasselbe Ergebnis erzielt – ob durch Newton im 17. Jahrhundert oder durch eine Schulklasse in heutiger Zeit – die Kugel verhält sich immer gleich berechenbar. Genau darin besteht die Macht der Wissenschaft: Wir können uns auf die Beobachtungen verlassen. Doch unser Bewusstsein ist nicht in der objektiv messbaren Welt zu Hause. Es beherbergt eine subjektive Welt und kann deshalb mit den Methoden der Wissenschaft nicht erfasst werden.

In der Wissenschaftsgeschichte wurden allerdings schon einige Forschungsgebiete als „für immer und alle Zeiten dem menschlichen Wissen unzugänglich" bezeichnet. Entgegen allen Vorhersagen konnten Wissenschaftler viele dieser Rätsel lösen, sogar manche Eigenschaften der entferntesten Galaxien und winzigster subatomarer Strukturen wurden entschlüsselt. Vielleicht enthüllt sich dem Menschen trotz aller Hindernisse eines Tages auch das Geheimnis seines Bewusstseins. Die wieder erstarkte Zusammenarbeit von Philosophie und Wissenschaft könnte den Durchbruch bringen.

Ein heutiger Rechner besitzt keine innere Welt. Alle seine Wahrnehmungen sind objektiv. Er kann zum Beispiel durch Prüfprogramme feststellen, dass eine Platine ausgefallen ist. Doch ohne Maschinen-Ich fehlt ein Bezug zum kaputten „Körperteil".

Es geht also nicht bloß darum, ob zwischen einer falschen und einer richtigen Frage unterschieden werden kann. Es geht auch um mehr als Zufall. Wenn wir über die Möglichkeit nachdenken, dass KI-Maschinen eines Tages ein Bewusstsein haben könnten, ergibt sich eine Reihe philosophischer Fragen über die Natur eines solchen KI-Geistes:

- Könnte eine bewusste KI unterscheiden, ob sie gerade nach objektiven Kriterien arbeitet, zum Beispiel nach klaren Vorgaben Informationen miteinander in Beziehung setzt, oder ob sie aufgrund ihrer subjektiven Wahrnehmungen gerade in die Irrationalität abgleitet? Und könnte/wollte sie uns das mitteilen?
- Würde eine bewusste KI ein phänomenales Bewusstsein besitzen und könnte damit Gefühle empfinden? Könnte sie leiden und Freude empfinden?
- Besäße sie Intentionalität, könnte sie also bestimmte Ziele im Geist definieren, um einen bestimmten Zustand zu erreichen? Wie würde sich diese Intentionalität von dem Wollen, Glauben und Planen des Menschen unterscheiden? Würde sie Gier, Ruhmsucht, Konsumneigung, Aversionen, Stolz und so weiter entwickeln?
- Hätte eine bewusste KI aus sich selbst heraus einen ethischen und moralischen Rahmen? Oder müssten wir ihn der KI erst einpflanzen? *Können* wir ihn ihr überhaupt einpflanzen?

Isaac Asimov, der sich als Erster aus wissenschaftlicher Sicht mit KI befasste, formulierte für die 1942 erschienene Erzählung „Runaround" erstmals seine berühmten drei Gesetze der Robotik:

1. *Ein Roboter darf keinen Menschen verletzen oder durch Untätigkeit zu Schaden kommen lassen.*
2. *Ein Roboter muss den Befehlen der Menschen gehorchen – es sei denn, solche Befehle stehen im Widerspruch zum ersten Gesetz.*
3. *Ein Roboter muss seine eigene Existenz schützen, solange sein Handeln nicht dem ersten oder zweiten Gesetz widerspricht.*

In den 1980er-Jahren, Asimov war längst Professor für Biochemie an der Universität Boston geworden, ergänzte er sie durch ein „Nulltes Gesetz", das über den ersten drei Gesetzen steht:

0. *Ein Roboter darf die Menschheit nicht verletzen oder durch Passivität zulassen, dass die Menschheit zu Schaden kommt.*

Diese vier Gesetze sind nicht nur literaturhistorisch interessant, sondern weisen auch weit in die KI-Welt hinein. In ihrer genialen Einfachheit sind sie eine wertvolle Diskussionsgrundlage, wenn es um Ethik und einen möglichen Handlungsrahmen im Zusammenhang mit KI geht.

Wie könnte eine KI ein Bewusstsein entwickeln? In der Menschheitsgeschichte ist dieser Erfolgsfaktor wohl eine relativ junge Entwicklung. Unter anderem aus der Tatsache, dass Neandertaler Begräbnisriten entwickelt haben, folgern Anthropologen, dass der Mensch seit etwa 80.000 bis 100.000 Jahren über Bewusstsein verfügt. Sie halten es für möglich, dass mit zunehmender Komplexität seines Gehirns irgendwann eine Schwelle überschritten wurde, ab der zwingend ein Bewusstsein entstehen musste. Vielleicht geschah das sogar sehr plötzlich, sozusagen von einem Tag auf den anderen. Oder ist es doch ein fließender Übergang gewesen? Wie soll diese Frage beantwortet werden, wenn noch nicht einmal klar ist, wie genau die Schwelle zwischen Intelligenz und Bewusstsein aussieht?

Manche Fachleute diskutieren, dass auch bei Computern eine Art Initialzündung auftreten könnte. KI-Bewusstsein würde als Folge von Emergenz zu existieren beginnen, sobald die Verschaltungen eine gewisse Komplexität erreichen beziehungsweise ein bestimmter Grad an Intelligenz überschritten wird. Heute schon lassen sich bei gleichbleibender Verschaltung ungeplante Sprünge beim maschinellen Lernen beobachten.

Wir wissen nicht, ob Maschinen sich jemals aus der Objektivität heraus die Subjektivität erschließen werden. Dies ist die große Barriere, die sie überspringen müssten. Sollte dieser Sprung gelingen, müsste man sich mit bewussten Maschinen auseinandersetzen, die nicht mehr nur objektiv intelligente Lösungen für Probleme finden, sondern subjektiv denken könnten.

Wir bewegen uns auf schwankendem Boden, denn es besteht die Möglichkeit, dass KI ein Bewusstsein entwickelt, ohne dass wir Menschen beschlossen haben, dies zuzulassen. Die Existenz einer bewussten Superintelligenz wäre für die Menschheit eine mindestens ebenso einschneidende und bedrohliche Herausforderung wie ein erster Kontakt mit einer außerirdischen Intelligenz – und um Größenordnungen wahrscheinlicher.

Die Auseinandersetzung darüber, wie sich die von uns geschaffene und genutzte KI kontrollieren lässt, deckt also nur einen Teil des Auftrags ab, den wir bewältigen müssen. Eine weitere elementare Aufgabe besteht darin, uns rechtzeitig auf philosophischem und wissenschaftlichem Wege damit auseinanderzusetzen, welche Regeln eine zukünftige KI einhalten soll – und wie wir das durchsetzen können.

Das große Staunen

Die Existenz einer bewussten Superintelligenz wäre für die Menschheit ein *game changer*. Falls es eine bewusste KI jemals geben wird, und das halten die Autoren dieses Buches für durchaus möglich, könnte sie fast jedes von Menschen denkbare Problem – und selbst die für uns Menschen nicht-denkbaren – auch ohne direkten Auftrag identifizieren und bewältigen. Sogar die großen existenziellen Fragen unseres Lebens könnten eine Antwort finden:

- Wie entstand die Welt?
- Woher kommt das Leben?
- Was ist der Sinn unserer Existenz?
- Was bedeutet unser Tod?

In allen Kulturen aller Zeiten treffen wir auf die tiefe gedankliche Unrast, welche in Fragen wie diesen ihren Ausdruck findet. Ihre Beantwortung kann in religiösen Dogmen eine mehr oder weniger befriedigende Antwort finden. In säkularen Gesellschaften wie den westlichen bleiben sie offen oder werden nicht akzeptiert. Aber auch die Wissenschaft kann die existenziellen Fragen der Menschheit nicht beantworten. Dieselben Hindernisse wie bei der Frage nach dem Wesen des Bewusstseins treten auch hier auf: Nach ihren eigenen Regeln braucht sie einen objektiven, unabhängigen Standpunkt außerhalb des Beobachteten. Den gibt es aber nicht, wenn es um Fragen des „Großen Ganzen" geht. Wissenschaft ist Teil des „Großen Ganzen" und würde immer sich selbst mit untersuchen, wäre also Beobachter und Beobachtetes zugleich. Die Philosophie, die sich den Sinn- und Existenzfragen gewidmet hat, kommt der Beantwortung dieser Fragen ebenfalls nicht näher; seit Menschengedenken kann sie keinen wesentlichen Erfolg verbuchen.

So wie wir Menschen könnte auch eine bewusste KI den Bezug zu den immateriellen Facetten unserer Existenz herstellen und sich den großen Fragen nähern. Könnte sie erfolgreicher sein als wir? Die Antwort lautet: Ja. Denn eine zukünftige bewusste KI, vielleicht auch schon eine fortgeschrittene unbewusste KI, könnte weit über die menschlichen Fähigkeiten hinauswachsen.

Anfangs schien es eine ausgemachte Sache zu sein, dass KI dem Menschen immer ähnlicher wird und möglichst identische Funktions- und Verhaltensmerkmale aufweisen sollte. Doch anders als es der antike Philosoph Protagoras postuliert hatte, muss der Mensch nicht das Maß aller Dinge sein. 1955, mit 28 Jahren und ein Jahr, bevor er die wegweisende Dartmouth-Konferenz organisierte, war John McCarthy noch davon ausgegangen, dass zukünftige Rechner den Menschen nachahmen und Intelligenz simulieren werden:

> „Ziel der KI ist es, Maschinen zu entwickeln, die sich verhalten, als verfügten sie über Intelligenz."

Tatsächlich war genau dies lange Zeit das Ziel der KI-Forschung gewesen: intelligente Maschinen zu entwickeln, die eine ähnliche Problemlösungsfähigkeit wie Menschen besitzen. Dass KI den Menschen übertreffen könnte, sollte durch Optimierung dieser Fähigkeiten erreicht werden: bessere Lernfähigkeit als der Mensch, bessere Kreativität als der Mensch und so weiter. Mittlerweile hat ein Umdenken stattgefunden. Im November 2007 antwortete der nun 80-jährige McCarthy auf die Frage, ob KI menschliche Intelligenz simulieren müsse, wie folgt:

> „Es steht KI-Forschern frei, Methoden zu verwenden, die bei Menschen nicht beobachtet werden […]."

Es geht also nicht mehr unbedingt darum, mit KI die Leistung des menschlichen Gehirns möglichst perfekt nachzubilden und dann aufgrund höherer Rechenleistung zu übertreffen. Sie könnte insbesondere dann leistungsfähiger als der Mensch werden, wenn sie nach völlig neuen Regeln arbeitet. Wahrscheinlich sind ihre Ergebnisse sogar noch erfolgreicher, wenn sie nicht mehr durch den Anspruch eingeschränkt ist, menschliche Intelligenz zu simulieren.

Mit diesem Ziel vor Augen wird die weitere Entwicklung der KI für uns mit einiger Sicherheit eine besondere Eigenschaft aufweisen: Sie wird uns überraschen.

3

Was kann KI? Momentaufnahmen einer irren Entwicklung

Schon einige Jahre vor dem *ChatGPT*-Moment, der im November 2022 einen beispiellosen Hype auslöste, war Künstliche Intelligenz Teil unseres Alltags. Chatbots waren alles andere als neu, unzählige Unternehmen setzten sie bereits für die Kundenkommunikation ein. Und auch in unserer Hosentasche war KI längst präsent. 2017 hatte Huawei mit dem Mate 10 Pro das erste Smartphone mit KI-Chip auf den Markt gebracht. Dieser nahm Einfluss auf die App-Verwaltung, sorgte unter ungünstigen Lichtverhältnissen für eine gute Qualität der aufgenommenen Bilder und brachte einige weitere Verbesserungen. Kurze Zeit später gehörten KI-unterstützte Anwendungen in Smartphones zum Standard. Übersetzungsfunktionen und Bildbearbeitungsprogramme wurden sprunghaft leistungsfähiger, und Programme wie die, mit denen sich Pflanzen und Tiere bestimmen lassen, wurden möglich. Auch in der Industrie setzte man schon länger auf das Thema Künstliche Intelligenz. Unter anderem arbeiteten die großen und finanzstarken Autobauer daran, mit KI die Qualität ihrer Produkte zu optimieren und Ausschussraten zu verringern. Das Bundesministerium für Bildung und Forschung hatte 2011 die weitreichende Ausstattung industrieller Prozesse mit KI, die damals noch unter dem Schlagwort „intelligente Fabrik" in den Kinderschuhen steckte, als strategisch wichtigen Zukunftstrend identifiziert und gefördert.

Sogar im Kulturbetrieb hatte KI lange vor *ChatGPT* Fuß gefasst. 2016 war mit dem 9-minütigen Science-Fiction-Kurzfilm „*Sunspring*" der erste Film vorgestellt worden, dessen Drehbuch von einem KI-Algorithmus stammte (damals noch eine *Long Short-Term Memory*-Version), der mit SF-Drehbüchern aus zehn Jahren trainiert worden war. Allerdings musste das Script

© Der/die Autor(en), exklusiv lizenziert an Springer-Verlag GmbH, DE, ein Teil von Springer Nature 2025
L. Jaeger, A. Naji, *Künstliche Intelligenz und Mensch*,
https://doi.org/10.1007/978-3-662-72145-2_3

noch nachträglich überarbeitet, „interpretiert" werden. Auch der Songtext der Filmmusik war rein maschinell entstanden.

Der Siegeszug konkreter KI-Anwendungen hat also schon gute zehn Jahre vor *ChatGPT-3.5* begonnen. Ihre Fortschritte und ihr Einsickern in unser Leben spielten sich in hoher Geschwindigkeit und trotzdem fast unbemerkt von der Öffentlichkeit ab. Der *game changer* war, dass *ChatGPT-3.5* sehr viel nutzerfreundlicher geworden war: Über ein Dialogfeld konnten die User nun in Alltagssprache mit der KI kommunizieren. Überall auf der Welt testeten Neugierige den Bot von OpenAI, schon nach zwei Monaten hatten sich 100 Mio. User eingetragen. Zwar meldeten sich 44 % innerhalb eines Jahres wieder ab, doch viele Anwender schafften den Sprung, einen realen Nutzen aus der KI-Anwendung zu ziehen.

Im Trainingslager von ChatGPT

ChatGPT und andere große KI-Bots basieren auf *Large Language Models* (LLMs), die darauf abzielen, menschliche Sprache zu verstehen und zu erzeugen. Der Begriff *ChatGPT* gibt Auskunft über die Funktionsweise des Bots: GPT steht für *Generative Pre-trained Transformer.*

- Anfangs bezog sich der Begriff **„generativ"** auf von KI erzeugten Text, wie das „*Language*" in LLM vermuten lässt. Viele erinnern sich wahrscheinlich an erste Gedichte, E-Mails oder Essays von *ChatGPT*. Längst kann KI auch Sprache, Bilder und Videos generieren. Das Programm *Sora* von OpenAI erzeugt aus Texten oder auch einzelnen Bildern bis zu 20 s lange Videoclips. Auf diese Weise lassen sich auch bestehende Videoclips fortführen. Eine neuere Version, Sora2, ist noch leistungsfähiger und realistischer, kann allerdings (Stand Oktober 2025) nur auf Einladung und nur in wenigen Ländern genutzt werden. Das entsprechende Programm von Google heißt *Lumiere* (Forschungsversion 2024) beziehungsweise Veo (2025 veröffentlicht). *Movie Gen* ist der fortschrittliche Video-Generator von Meta und seit 2025 für ausgewählte Nutzer verfügbar.
- **„Pre-trained"** bedeutet, dass der Bot auf Daten zurückgreift, die ihm zuvor präsentiert wurden. Die Leistungsfähigkeit eines trainierten neuronalen Netzes ist unter anderem von der Anzahl der Verbindungen zwischen den einzelnen Schaltstellen dieses Netzes und der Art abhängig, wie sie angeordnet sind. Zum Beispiel stützte sich *ChatGPT-3*, der Anfang 2020 veröffentlichte Vorläufer von *ChatGPT-3.5*, auf ein in 96 Schichten, den sogenannten Layern, angeordnetes neuronales Netzwerk. Ein weiterer grundlegender Faktor ist die Qualität der Information, mit der die jeweiligen

Gewichtungen dieser Verbindungen – die sogenannten Parameter – anfangs eingestellt, also vor-trainiert werden.

Bevor *ChatGPT-3.5* herauskam, hielt das *Turing-NLG*-Modell von Microsoft (*Turing Natural Language Generation*) mit 10 Mrd. Parametern den Rekord. *ChatGPT-3* konnte mit seinen 175 Mrd. Parametern deutlich mehr Informationen aufnehmen und gewichten. *ChatGPT-3.5* hatte im Pre-Training mit einer ungeheuren Menge an Daten „gefüttert" werden können – die aus allen englischen Wikipedia-Texten gezogenen Informationen machten dabei nur 0,6 % der gesamten Informationsmenge aus. Einen Nachteil hatten die Trainingsdaten von *ChatGPT-3.5* allerdings: Sie gingen nicht über September 2021 hinaus. Weil der Bot nicht mit dem Internet verbunden war, konnte er keine aktuelleren Informationen liefern. Am 14. März 2023 veröffentlichte OpenAI den deutlich verbesserten und auch internetfähigen Nachfolger *GPT-4*.

- **„Transformer"** weist auf einen Modelltyp hin, der auf den 2017 von den Google-Forschern Ashish Vaswani et al. veröffentlichten bahnbrechenden Fachartikel *„Attention Is All You Need"* zurückgeht. Zuvor gab es die sogenannten „rekurrenten" Modelle, die in starren Sequenzen ein Wort nach dem anderen „lesen". Sie brauchen viele zeit- und rechenintensive Durchläufe, um sinnhafte Verbindungen auch dann zwischen Wörtern zu finden, wenn sie in einem Eingabesatz weit voneinander entfernt stehen. Transformer erkennen dagegen durch die zuvor trainierte Gewichtung von Schlüsselwörtern die relevanten Teile eines Eingabetextes und können sich auf sie konzentrieren. Dieser Aufmerksamkeitsmechanismus macht Transformer-Modelle deutlich schneller und leistungsfähiger. Auch beim Übersetzen aus verschiedenen Sprachen ist das eine entscheidende Fähigkeit.

Das Pre-Training bereitet eine KI auf ihre zukünftigen Aufgaben vor. Aber auch nach Abschluss der Trainingsphase lernt die KI weiter: Sie passt autonom ständig die Gewichtungen an. Grundsätzlich gibt es drei Lernmethoden für KI.

1. Das **überwachte Lernen** (*supervised learning*) findet bei klar definierten Aufgabestellungen Anwendung, zum Beispiel wenn Spam-Mails herausgefiltert, Anomalien auf Röntgen- und MRT-Bildern identifiziert oder Kreditausfallsrisiken abgeschätzt werden sollen. Der Algorithmus wird mit „gelabelten", also sozusagen mit einem Etikett versehenen Datensätzen trainiert, bei denen der passende Ausgabewert der festgelegten Zielvariablen bereits bekannt ist – zum Beispiel „Dies ist ein auffälliges MRT". Anhand des gelabelten Datensatzes lernt die KI die relevanten Muster und Zusammenhänge. Um die Treffergenauigkeit zu überprüfen, werden der

KI in einem zweiten Trainingsschritt weitere Datensätze präsentiert. Dieses Mal sind die Ergebnisse nur dem Menschen, nicht der Maschine bekannt. In dieser Phase zeigen sich eventuell noch bestehende Schwächen der KI, in Feedbackschleifen lassen sie sich minimieren. Erst dann wird KI nützlich: Sie erzeugt für Datensätze Ergebnisse, die dem Menschen zuvor unbekannt waren. Insgesamt ist der Aufwand für die Bereitstellung der Trainings-Datensätze und das Pre-Training sehr hoch.

2. Beim **nicht überwachten Lernen** (*unsupervised learning*) gibt es keine festgelegte Zielvariable, sondern die Maschine spürt in ungeordneten Datensätzen bisher unbekannte Zusammenhänge und Muster auf. Dieser Lerntyp wird zum Beispiel eingesetzt, wenn ein Unternehmen über eine große Menge an Kundendaten verfügt und Marketingmaßnahmen entwickeln will. Die KI könnte dann etwa zum Ergebnis kommen, dass die Telefonnummer und der Wohnort der Kunden für dieses Unternehmen kaum von Belang sind, dafür aber ihr Alter. Auch für die Identifizierung von Hackerangriffen eignet sich diese Form des maschinellen Lernens, denn deren Einfallstore kann das abwehrende Unternehmen ja nicht kennen, und es kann deshalb auch nicht im Voraus mit seiner KI Reaktionen trainieren.
3. Das **„Verstärkungslernen"** (*reinforcement learning*) benötigt weder speziell aufbereitete Lern-Datensätze noch fest umrissene Datensätze wie eine Kundendatei. Der Algorithmus sucht selbsttätig Informationen aller Art zusammen. Anhand einer von Menschen definierten Belohnungsfunktion erhalten als nützlich wahrgenommene Rechenergebnisse ein positives Feedback. Es können auch negative Signale eingesetzt werden, die der KI zeigen: So nicht! Der Auftrag lautet, durch Versuch und Irrtum die Belohnungen immer weiter zu maximieren. In der Praxis spielt das Verstärkungslernen unter anderem in der Logistik und der Preisfindung eine Rolle.

ChatGPT arbeitet mit einer Kombination aus überwachten und verstärkenden Lernalgorithmen. Die Macht des Verstärkungslernens zeigen die drei Generationen der Spiele-KI *AlphaGo*. Die erste Generation *AlphaGo* hatte noch 40 Tage lang mit den Spielzügen unzähliger Spiele gefüttert werden müssen, um 2016 den Go-Weltmeister Lee Sedol zu schlagen. Der Nachfolger *AlphaGo Zero* arbeitet dagegen nur mit den Spielregeln als Basisinformation, um gegen sich selbst spielen zu können und zu lernen, immer mehr Belohnungen einzuheimsen. Nach nur drei Tagen hatte *AlphaGo Zero* die Spielstärke von *AlphaGo* erreicht.

Die dritte Generation hieß *AlphaZero* und beherrschte auch die Spiele Schach und Shogi. Nur vier Stunden, nachdem *AlphaZero* erstmals über die Schachregeln informiert worden war, ließ man es gegen den damals besten Schachcomputer der Welt antreten, der mit Daten aus Millionen historischer Schachpartien und damit der jahrhundertealten Erfahrung schachspielender Menschen gefüttert worden war. Obwohl *AlphaZero* nur etwa ein Tausendstel der Rechenleistung seines Konkurrenten besaß, verlor es keine einzige Partie: Es gewann 28-mal und spielte 72-mal unentschieden. Der britische KI-Forscher und Neurowissenschaftler Demis Hassabis, einer der Väter von *AlphaZero* und außerdem Nobelpreisträger, meinte, dass seine Schöpfung „nicht mehr durch die Grenzen des menschlichen Wissens eingeschränkt" sei.

Die Perspektiven, die das Verstärkungslernen eröffnet, sind fantastisch, doch seine Anwendung ist auch außerordentlich anspruchsvoll. Bei Spielen gibt es nur ein einziges Ziel: gewinnen! In anderen Fällen müssen dagegen viele Ziele in eine Balance gebracht werden, um sinnvolle Belohnungssysteme zu entwickeln. Wenn eine KI zum Beispiel einen ausreichenden Lagerbestand eines bestimmten Bauteils gewährleisten soll, muss sie davon abgehalten werden, zu viel davon zu bestellen, nur weil sie dann mehr Belohnungspunkte erhält.

Das Problem beim Verstärkungslernen ist ja, dass man eigentlich schon wissen muss, was genau belohnt werden muss, um Erfolg zu haben – genau diese Information soll die KI aber erst noch herausbekommen. William Guss, Mathematiker und KI-Entwickler bei OpenAI, drückte diesen Zusammenhang Anfang der 2020er-Jahre so aus:

> „Wenn Sie eine Belohnungsfunktion entwickeln, die Ihnen bei jedem Zeitschritt ein gutes Signal gibt, haben Sie die Aufgabe im Grunde gelöst."

Indem das Unternehmen OpenAI die User von *ChatGPT* auffordert, die Leistung der KI zu bewerten, nutzt es sie als Helfer für das Verstärkungslernen. Je mehr Menschen den Bot nutzen, desto besser wird er. Es ist denkbar, dass nicht nur Menschen, sondern auch Meta-Algorithmen die Performance von generativen Algorithmen auf ihre Qualität hin analysieren, ihnen Belohnungen zuweisen und so die Anwendungen verbessern werden. Das Verstärkungslernen könnte der Schlüssel dazu sein, die seit Jahrzehnten gesammelten und immer weiter wachsenden Datenberge endlich umfassend nutzbar zu machen. Viele KI-Experten vermuten in ihm sogar den Königsweg zu einer AGI, also einer *Artificial General Intelligence*, die so wie das menschliche Gehirn universell einsetzbar und mindestens genauso leistungsfähig ist.

Das perfekte Werkzeug für Big Data

„Big Data" bezeichnet nicht nur eine große Datenmenge, sondern auch den Umgang mit ihr. Wahrscheinlich war es der US-Amerikaner John Mashey, der diesen Begriff erfand. Mitte der 1990er-Jahre arbeitete er als leitender Informatiker bei Silicon Graphics, einem damals führenden Unternehmen für Grafik-Hardware und die dazugehörende Software, die bekanntermaßen rechenintensiv ist. Ihm wurde klar, dass die Menge an Daten die vorhandenen Speichermedien immer weiter herausfordern würde. Und zwar nicht nur, was die Menge, sondern insbesondere auch, was Strukturierung, Verfügbarkeit und damit die Nutzung der Daten angeht.

Mashey hatte Recht. Im gesamten Jahr 2002 wurden weltweit etwa 5 Exabyte (EB, $5 \bullet 10^{18}$ Byte) neue Daten generiert. 2019 war der global angehäufte Datenberg bereits auf insgesamt 33 Zettabyte (ZB, $33 \bullet 10^{21}$ Byte) angewachsen. Für das Jahr 2025 wird erwartet, dass ca. 180 ZB den bestehenden Datenberg erhöhen. Diese Zahl entspricht einem neu erzeugten Datenvolumen von fast 0,5 ZB pro Tag. Zur Einordnung: Damit könnte man über 2000 Jahre lang ununterbrochen Filme in 4K schauen. Zudem: Der Halbleiterhersteller Infineon geht davon aus, dass 97 % aller Daten unstrukturiert sind.

Wer generiert all diese Daten? Teilweise stammen sie von uns Menschen selbst. Immer mehr Bereiche unseres Lebens werden mit immer größerer Effizienz aufgezeichnet und analysiert, entweder mit oder auch ohne unsere direkte Einwilligung. Die folgenden Zahlen von 2025 vermitteln einen Eindruck, in welchem Umfang Nutzer ihre Daten mitteilen:

- Etwa 5,6 Mrd. Menschen nutzen das Internet.
- Google bearbeitet 8,5 Mrd. Suchanfragen pro Tag.
- Facebook ist mit 3,07 Mrd. monatlich aktiven Nutzern (MAU) noch das reichweitenstärkste soziale Netzwerk. Auf Platz zwei befindet sich das Videoportal YouTube mit 2,7 Mrd. MAU. WhatsApp, Instagram und TikTok folgen bald dahinter.
- Auf Instagram werden jede Minute 66.000 Fotos hochgeladen.

Jede Anfrage, jeder Bezahlvorgang, jeder Besuch auf Tinder und jede Messung der eigenen Herzfrequenz mit einem internetfähigen Gerät hinterlässt Daten, die gespeichert werden und so auf Dauer zugänglich bleiben können.

Auch das *Internet of Things* (IoT) treibt das Anwachsen der Datenmenge an. Immer mehr Sensoren und Produktionsabläufe liefern digitale Informationen. Der gern als Beispiel herangezogene Kühlschrank, der direkt beim Händler Milch bestellt, ist nur für einen winzigen Bruchteil der neu erzeugten Daten verantwortlich. Deutlich stärker fällt zum Beispiel die Datenmenge ins Gewicht, die moderne Autos generieren. Denn auch bei Fahrzeugen, die noch ganz traditionell von Menschen gesteuert werden, ist KI mit an Bord; die Branche spricht von „softwaredefinierten Fahrzeugen". Das Unternehmen Harman Automotive, ein führender Anbieter für die technische Vernetzung von Fahrzeugen untereinander, gab 2021 die Menge der von neueren Fahrzeugen generierten Daten mit etwa 600 Gigabyte pro Tag an. Davon wurden allerdings aufgrund der Speicherkosten „nur" 1,7 Gigabyte von den Herstellern gesammelt und gespeichert. Da die Speicherkosten stetig fallen, ist abzusehen, dass sich der Zugriff auf die Daten weiter intensivieren wird.

Wenn sich das autonome Fahren durchsetzt, wird diese Datenflut aus dem Automobilbereich sprunghaft ansteigen. Die KI eines selbstfahrenden Autos muss zentimetergenau Information darüber sammeln, wo sich das Fahrzeug gerade befindet und was es gerade tut. Und es muss diese Daten mit dem Verhalten anderer Verkehrsteilnehmer, den örtlichen Gegebenheiten und Regeln sowie vielen weiteren Variablen verrechnen. Dazu müssen innerhalb von Sekundenbruchteilen die Informationen aus acht bis zehn Kameras und weiteren Sensoren miteinander abgeglichen und ausgewertet werden. Während ein Schach- oder Go-Brett fest umrissene Grenzen hat und auch die Regeln, nach denen gespielt wird, übersichtlich sind, ist ein selbstfahrendes Auto einer enormen Vielfalt an möglichen Ereignissen ausgesetzt. Ist das, was sich da vom Bürgersteig auf die Straße zubewegt, ein kleiner Hund oder eine im Wind aufgeblähte Plastiktüte? Wie schnell wird der Fußgänger über den Zebrastreifen gehen? Neben der benötigten Rechenleistung ist auch der Ausstoß an Daten enorm: Pro Fahrminute kommen 0,5 bis 10 Gigabyte Datenmaterial zusammen, das gespeichert werden und wiederum als Lernmaterial dienen kann.

Datenberge zu erzeugen ist einfach, sie zu nutzen, ist die große Herausforderung. 1990, also etwa zu der Zeit, als Mashey den Begriff „Big Data" prägte, schrieb der US-amerikanische Informatiker Peter J. Denning in seinem Artikel „Saving All the Bits" im *American Scientist*,

> „dass es möglich ist, Maschinen zu bauen, die Muster in Daten erkennen oder vorhersagen können, ohne die Bedeutung der Muster zu kennen. Solche Maschinen könnten irgendwann schnell genug sein, um große Datenströme in Echtzeit zu verarbeiten. […] Dieselben Maschinen können auch vorhandene Datenbanken durchsuchen, nach Mustern suchen und Klassenbeschreibungen für alle bereits gespeicherten Bits erstellen."

1990 war sein „Knowbot", der „selbstständig Informationen entdeckt, Muster vergleicht und Zukünftiges vorhersagen kann", noch eine Vision. Etwa ein Jahrzehnt später begannen sich die Voraussetzungen zu erfüllen, die eine umfangreiche Nutzung der großen Datenmengen erst möglich machen:

- **Leistungsfähige Hardware**. Lange Zeit waren die Arbeitsspeicher nicht annähernd groß genug, um große Datenmengen zu verarbeiten. Schon das reine Vorhalten der Daten war durch die hohen Kosten begrenzt. 1965, als die NASA ihre Raumsonde Mariner 4 am Mars vorbei fliegen und 21 Digitalaufnahmen zur Erde schicken ließ, kostete die Speicherung von 1 Megabyte Daten inflationsbereinigt knappe 100.000 US-Dollar. Heute liegen die Kosten unter 0,002 US-Cent. Erst 1996 wurde die Datenspeicherung in digitaler Form kostengünstiger als die auf Papier. Auch die Rechengeschwindigkeit lag weit unter den Anforderungen, die ein Umgang mit großen Datenmengen erfordert. Anfang der 2000er-Jahre gehörte ein Rechner, der 2 Teraflops schaffte ($2 \cdot 10^{12}$ Berechnungen pro Sekunde) zu den Supercomputern. Mittlerweile wird diese Geschwindigkeit von Smartphones in Taschengröße erreicht. Seit November 2024 arbeitet der schnellste Hochleistungs-Computer El Capitan in den USA in der Spitze mit über 2,7 Exaflops ($2{,}7 \cdot 10^{18}$ Berechnungen pro Sekunde), also über eine Million Mal schneller.
- **Leistungsfähige Software**. Die Auswertung von digitalisierten Daten durch herkömmliche Computerprogramme ist sehr aufwendig und in ihrer Effektivität eingeschränkt. Der Einsatz selbstlernender KI-Software revolutioniert die Identifikation, Sortierung und Verarbeitung relevanter Informationen aus großen und komplexen Datensätzen.

KI ist also eine Voraussetzung dafür, dass die Datenberge zu dem werden, was vorausschauende Informatiker und Investoren schon lange in ihnen gesehen hatten: zum wertvollsten Rohstoff aller Zeiten.

Das digitale Gold

Große Datenmengen sind eine Fundgrube für Marketing, Forschung, Industrie und viele weitere Wirtschaftszweige, einige mit durchaus dubiosen Interessen. Immer ausgefeiltere Instrumente gewinnen aus den Informationen Wissen und ermöglichen hohe Renditen. Der Einsatz von KI verleiht diesem Geschäftsmodell einen ungeheuren Schub. Dass sich „Big Data" lohnt, zeigt die Berechnung, die Dylan Patel und Afzal Ahmad für SemiAnalysis durchführten: Der Betrieb von *ChatGPT-3.5* kostete OpenAI etwa 700.000 US-Dollar pro Tag. Bezogen auf die Anzahl der Anfragen im Februar 2023 hätten Nutzer in jenem Monat für jede Anfrage 36 US-Cent zahlen müssen, um die Kosten zu decken. Doch der Bot war kostenfrei nutzbar – eine Investition, von der die Betreiber – und nicht zuletzt die großen Geldgeber, unter ihnen Microsoft, SoftBank und Nvidia – erwarten, dass sie sich rechnen wird.

Im Gegensatz zu Gold und Öl sind Daten nahezu unbegrenzt vorhanden, von einer Verknappung kann keine Rede sein. Was sie trotzdem so wertvoll macht, ist die Tatsache, dass sie sehr ungleich verteilt sind. Denn das Sammeln und Verwerten ist schon lange ein Kerngeschäft der GAFAM-Unternehmen – unter diesem Begriff werden

- Google (heute: Alphabet),
- Amazon,
- Facebook (heute: Meta),
- Apple und
- Microsoft

zusammengefasst. Sie befinden sich seit Jahren unter den sieben wertvollsten Unternehmen der Welt. Lediglich Facebook ist (Stand Februar 2025) auf den achten Platz abgerutscht, weil TikTok/Douyin rasant aufholt. Auf Platz Neun steht der Chip-Entwickler Nvidia, der 2024 durch den KI-Boom auf einen vorderen Platz katapultiert wurde. Der Erdölförderriese Saudi Aramco ist dagegen aus den Top Ten gefallen. Der Aktienwert der fünf GAFAM-Unternehmen machte 2023 10 % aller weltweit gehandelten Aktien aus. Ein typischer Vertreter dieser „Big Five" ist Google. Seit 1998 bietet das Unternehmen seine Dienste an, und gleich zu Anfang stieg der deutsche Informatiker Andreas von Bechtolsheim mit einem Scheck über 100.000 US-Dollar als Investor ein. Damals hatte Sergey Brin, einer der Google-Gründer, noch zugeben müssen: „Wir haben aber noch gar kein Bankkonto!" 2001 verließ Google die Verlustzone und bis 2014 hatte Bechtolsheim mit seiner Investition knapp 2 Mrd. US-Dollar gemacht. Wieviel sein Anteil an Google heute wert ist, lässt sich nur schwer sagen. Sein Gesamtvermögen wird auf ca. 20 Mrd. US-Dollar geschätzt.

Einen bedeutenden Anteil des Werts der GAFAM-Unternehmen machen die Datenschätze aus, die sie in den vergangenen Jahren gesammelt haben und weiter sammeln werden. Damit sie selbst von ihren Datenschätzen profitieren können, investieren sie seit Jahren massiv in die Entwicklung von KI.

- Im Februar 2023 antwortete Meta auf *ChatGPT* mit der Veröffentlichung des generativen Sprachmodells *Llama* (*Large Language Model Meta AI*). So wie anfangs OpenAI fuhr auch Meta eine Open-Source-Strategie. Nutzer konnten mit *Llama* einen eigenen AI-Chatbot und andere KI-Tools bzw. -Software generieren. Im Juli 2023 folgte eine zweite, noch umfangreicher trainierte *Llama*-Version. Mittlerweile (2025) sind wir bei Llama4. Diese größte Variante kann auf bis zu 405 Mrd. Parameter zugreifen.

Parallel zur Entwicklung seiner Bots weitet Meta seine Möglichkeiten aus, Daten zu sammeln. Mitte 2023 fiel der Startschuss für die KI-Anwendung Threads. Dieser Twitter (X)-Konkurrent ist direkt mit Instagram verbunden und hat damit nicht nur direkten Zugriff auf neue, ständig aktualisierte Datenmengen, sondern auch auf 2 Mrd. potenzielle Kunden. Wer sich als Instagram-Kunde bei Threads registriert und diese Anwendung wieder verlassen will, verliert sein Instagram-Konto. In Deutschland konnte man der Verwendung der Daten zumindest teilweise widersprechen. Nur ist diese Frist im Mai 2025 abgelaufen. Und selbst wer fristgerecht widersprochen hat, kann sich nicht sicher sein, wie seine Daten wirklich verwendet werden. Für WhatsApp ist anwenderseitig praktisch kaum eine Einschränkung der Datennutzung möglich.

- Microsoft positionierte sich als Partner von OpenAI und integrierte im März 2023 *ChatGPT-4* in seinen Browser Bing. Umgehend knackte Bing die Marke von 100 Mio. täglichen Nutzern. Auch die Zusammenarbeit von Microsoft mit Siemens trägt Früchte. In Deutschland war Siemens der erste Konzern, der KI-Technik mit seinem *Siemens Industrial Copilot* anderen Unternehmen anbietet und so in die industrielle Breite bringt. Um das KI-Assistenzprogramm in der Variante von Microsoft zuzuschalten, sind seit 2024 Tastaturen mit *Copilot*-Taste erhältlich.
- Alphabet veröffentlichte im März 2023 seinen Chatbot *Bard*, zwei Monate später wurde er durch *PaLM2* ersetzt, und seit Ende desselben Jahres heißt der Google-Chatbot *Gemini*. Er soll so wie *Chat-GPT* universell einsetzbar sein. Im Jahre 2025 hat Gemini den zweiten Platz bei den Nutzerzahlen nach ChatGPT eingenommen. Die kleinste Version *Nano* ergänzt das hauseigene Android mit KI-Funktionen. Warum *Bard* die Fachwelt nicht überzeugte, wird im folgenden Kapitel näher ausgeführt.
- Apple bietet bereits seit 2011 die sprachgesteuerte Software *Siri* an, scheint aber erst spät in das Thema der generativen KI eingestiegen zu sein. Ein Pilotprogramm namens *Ask* wurde im Februar 2024 unternehmensintern noch getestet. Trotzdem kann sich das Unternehmen über Gewinne aus dem KI-Geschäft freuen. Denn seit Mai 2023 bietet es *ChatGPT* von OpenAI als App an, aus dem Stand wurde diese Anwendung zur Nummer 1 des App-Stores. Weil es neben der kostenfreien Basis-Version auch eine kostenpflichtige Premium-Version gibt und Apple an Verkäufen, die über Apps getätigt werden, mit 30 % beteiligt ist, schätzen Fachleute den aufs

Jahr bezogenen Umsatz, den Apple mit *ChatGPT* macht, auf einige 100 Mio. US-Dollar. Mittlerweile ist die weitgehend ins Betriebssystem integrierte *Apple Intelligence* verfügbar, die zahlreiche Hilfen anbietet, beispielsweise beim Schreiben, Bearbeiten und Erstellen von Fotos und Filmen oder auch beim Sortieren von E-Mails und Nachrichten. Für die Einführung einer vollständig personalisierten Siri-Funktion mit *Apple Intelligence* ist die erste Hälfte 2026 vorgesehen.
- Schon länger bietet Amazon über seinen Cloud-Computing-Dienst AWS (*Amazon Web Service*) Unternehmen Unterstützung an, wenn sie ihre Prozesse mit KI optimieren wollen. Auf diesem Feld besteht eine besondere Marktmacht von Amazon. Vergleichsweise spät, im November 2023 stellte Amazon den eigenen Chatbot *Amazon Q* vor, der Kunden bei der Anwendung von AWS unterstützt, aber auch innerhalb ihrer Unternehmen Texte generiert und verarbeitet. Der Bot wurde mit AWS-Daten trainiert und verlangt Zugang zu den Daten der *Q*-Kunden, damit er deren unternehmensspezifische Probleme lösen kann. So wie Apples *Siri* dient auch Amazons *Alexa* zum Sammeln von Daten, die das Wissen der jeweils firmeneigenen KI erweitern.

Auch die chinesischen Unternehmen Tencent, Alibaba und Baidu haben ein Wort mitzureden. Baidu veröffentlichte im März 2023 seinen auf chinesische Nutzer zugeschnittenen Bot *Ernie*, der bis Ende 2024 schon 400 Millionen Nutzer hatte. Alibaba trainierte seinen *M6* mit 10 Billionen Parametern, also der fünffachen Menge, über die *ChatGPT* verfügt. M6 ist seit 2023 in den immer weiter entwickelten Qwen-Modellen aufgegangen.

Elon Musk ist ebenfalls mit von der Partie. 2015 war er Gründungsmitglied von OpenAI, zog sich aber 2018 aus dem Vorstand zurück. Allein durch seine Plattform X hat sein Unternehmenskonglomerat Zugriff auf eine gigantische Datenmenge, mit der eine eigene KI-Anwendung trainiert wird: *Grok*. Der Name bezieht sich auf die 1961 erschienene Story „Stranger in a Strange Land" des SF-Autors Robert Heinlein (deutsche Übersetzung: „Fremder in einer fremden Welt", München 1970). Was „Grok" in dieser Geschichte für Marsianer ausdrückt, kann für Menschen immer auch das genaue Gegenteil beschreiben, es kommt immer auf den Kontext an. Zum Beispiel kann das Wort „Grok" selbst unzählige Bedeutungen haben – von „etwas begreifen" bis „sich in der Gruppe verlieren". Für eine KI-Anwendung ist es ein gut gewählter Name.

Was in dieser Aufzählung noch fehlt, sind die Start-ups. Wenn sie nicht zuvor pleitegehen oder aufgekauft werden, könnten heutige KI-Start-ups Beachtliches schaffen. Sie haben sich oft als die eigentlichen Treiber von bedeutenden Entwicklungsschritten erwiesen. Mistral AI aus Paris wurde im April 2023 gegründet und veröffentlichte schon fünf Monate später das Sprachmodell *Mistral 7B* als Open-Source-Anwendung. Die Leistungsfähigkeit des im Dezember 2023 veröffentlichten *Mixtral 8x7B* soll zumindest *ChatGPT-3.5* von OpenAI überholen. Auch das 2019 gegründete Unternehmen Aleph Alpha aus Heidelberg genießt das Vertrauen der Investoren. Der KI-Markt ist in Bewegung; heutige Shooting-Stars können morgen schon vergessen sein, und Unternehmen, die kaum jemand auf dem Schirm hatte, können etablierte Platzhirsche hinter sich lassen.

Mittlerweile können LLMs lokal installiert werden, das heißt auf eigenen Computern. Die Hardwareanforderungen sind relativ groß, aber überschaubar im Vergleich zu dem, was in den riesigen Serverfarmen der Big Player läuft. Entsprechende Tools für den (Software-) Selbstbau sind verfügbar. Auch wenn solche Systeme nicht die Leistungsfähigkeit der großen Anbieter haben, können sie spezialisierte Anforderungen oft erstaunlich gut erfüllen. Außerdem bieten sie mehr Datenschutz. Lokale LLMs sind ein weiterer Weg, wie auch kleine Start-ups moderne KI sicher nutzen können.

Wenn möglich, kaufen die großen Unternehmen die aussichtsreichen Start-ups, doch nicht immer gelingt das. Als Google 2007 das erst drei Jahre zuvor gegründete Facebook für 15 Mrd. US-Dollar kaufen wollte – eine Summe, auf die die Öffentlichkeit mit ungläubigem Kopfschütteln reagiert hatte – scheiterte dieser Übernahmeversuch. Aus Facebook wurde der Branchenriese Meta, der allein 2024 einen Gewinn von knapp 62 Mrd. US-Dollar einfuhr. Und genau dieses Meta hat sein Imperium ebenso durch Zukäufe substanziell erweitert. Als einschneidend könnte sich der Kauf von 49 % Anteilen von Scale AI im Juni 2025 für knapp 15 Mrd. US-Dollar erweisen. Scale AI ist eine gerade knapp zehn Jahre alte Firma, die für praktisch jeden großen Anbieter von KI-Modellen aufgearbeitete („gelabelte") Trainingsdaten liefert. Kurz darauf hat Google, Scale AIs bisher größter Kunde und Geldgeber, angekündigt, die Zusammenarbeit aufzukündigen. Der Verteilungskampf ist in vollem Gange.

Die ersten Nutznießer des KI-Booms sind die GAFAM-Unternehmen, die chinesischen Riesen, die KI-Start-ups in aller Welt und auch Nvidia mit seinen Hochleistungs-Chips. Es ist jedoch abzusehen, dass sich in einigen Jahren die KI-Modelle nur noch wenig voneinander unterscheiden und sich die Preise für Profi-Anwendungen angleichen werden. Möglicherweise begann der Preisverfall bereits Ende 2023, als OpenAI den Preis für je 1000 Anfrage-Token (das sind die kleinsten Informationseinheiten, mit denen KI rechnet) von 3 auf 1 US-Cent senkte.

KI-Infrastruktur und KI-Hardware anzubieten, wird in Zukunft wohl nicht mehr die entscheidenden Gewinne einfahren. Dagegen wird voraussichtlich die Fähigkeit von Unternehmen, *konkrete* KI-Anwendungen anzubieten, an Bedeutung gewinnen. Denn der eigentliche Hebel liegt bei den Optimierungen, die einzelne Kunden dank KI durchführen werden. Hier winkt die eigentliche Wertschöpfung. Unternehmen wie SAP setzen bei ihrer KI-Strategie genau darauf. Der international anerkannte KI-Experte Rasmus Rothe sagte 2024 auf der Münchner Konferenz *Digital Life Design* (DLD):

> „Nur weil die Mitarbeiter ein Tool haben, mit der sie Infos schneller nachgucken können, wird das Unternehmen nicht auf einmal 20 Prozent produktiver. [...] Das Problem ist die Integration in die Geschäftsprozesse."

Ob die Entwicklung von Quantencomputern neue Player auf die KI-Weltbühne bringen wird, wissen wir nicht. Momentan arbeiten vor allem bekannte BigTech-Unternehmen in diese Richtung. Es ist davon auszugehen, dass die Rechenpower eines Quantencomputers unsere Welt radikal beeinflussen wird. Insbesondere auch im Zusammenhang mit KI.

Jedes Jahr findet in Austin, Texas, das Event *South by Southwest* statt, eine Mischung aus Musik- und Filmfestival, Messe und Konferenz. In den letzten Jahren etablierte sich die Veranstaltung auch als Treffpunkt für innovative Technologien. Brad King von der Carnegie Mellon University schrieb über die dortige Diskussion zu Quantencomputern und KI im Jahr 2025:

> „Man kann das so sehen: KI ist, wie einen super Studenten zu haben, der alle Lehrbücher auswendig kennt. Quantencomputing bedeutet, eine vollkommen neue Art des Lesens zu erfinden, die verborgene Botschaften aus den gleichen Büchern offenbart."

Wo KI ihre Wirkung entfaltet

Die Unternehmensberatung McKinsey ging 2023 davon aus, dass KI eine Wertschöpfung von 2,6 bis 4,4 Billionen US-Dollar pro Jahr erzielen wird. In dieser Berechnung ist das Potenzial von heute noch unbekannten Produkt- und Dienstleistungskategorien nicht enthalten. Drei Viertel der von McKinsey genannten Summe entfallen auf die personalintensiven Bereiche Marketing und Vertrieb, Kundenservice, Softwareentwicklung sowie Forschung und Entwicklung, was KI für Hochlohn-Länder wie Deutschland besonders attraktiv macht. Aber auch in allen anderen Bereichen von Wirtschaft und Gesellschaft wird KI unser Leben grundlegend verändern. Die folgenden Beispiele, die natürlich nur einen Bruchteil der Möglichkeiten wiedergeben, verdeutlichen das.

Industrie und Handwerk Unternehmen treiben tiefgreifende Umstrukturierungen voran, um die Möglichkeiten der KI auszuschöpfen. In der

Autoindustrie zum Beispiel geht der Trend zur vollständigen Dokumentation von Herstellungsprozess und Produktverwendung. Von der Lieferkette jedes einzelnen Bauteils über die Erfassung der Fahrleistung bis zur Aufzeichnung der notwendigen Reparaturen werden alle Informationen gesammelt und zusammengeführt. So entsteht für jedes einzelne Fahrzeug ein digitaler Zwilling, der zum Beispiel die Anpassung der Service-Intervalle an die Fahrweise des Besitzers erlaubt. In ihrer Gesamtheit erlauben die Daten aller produzierten Autos, künftige Modelle schneller und preiswerter zu entwickeln und Konstruktionsfehler zu vermeiden. Simulationen des Produktionsablaufs können die Auswirkungen von Optimierungsansätzen virtuell erforschen, ohne in den laufenden Betrieb eingreifen zu müssen.

Die japanischen Konzerne Hitachi und Sony gehen die Herausforderung, KI optimal in die Unternehmen einzubinden, auf eine ungewöhnliche Weise an. 2024 begannen sie, Mitarbeiter in das jeweils andere Unternehmen zu entsenden, damit sie dort mit unvoreingenommenem Blick eingefahrene Abläufe identifizieren und so KI-Innovationen ermöglichen.

Öffentlicher Dienst In Deutschland waren 2023 im Öffentlichen Dienst etwa 360.000 Stellen unbesetzt. Ob Feuerwehr, Pflegedienste oder ÖPNV – fast überall ist die Personaldecke stark ausgedünnt. Die Folgen sind: Angestellte, die unter einer hohen Arbeitslast leiden, und unzufriedene Kunden. Die bevorstehenden Verrentungen der geburtenstarken Jahrgänge werden den Mangel noch weiter verstärken. Der Versuch der vergangenen Jahre, genügend neue Mitarbeiter zu gewinnen, hatte keinen durchschlagenden Erfolg. KI bietet die Chance, einen ganz anderen Hebel anzusetzen. Unter anderem in Behörden und Verwaltungen lässt sich KI ressourcenschonend einsetzen. Statt Arbeitskraft für das Bestellwesen oder die Beantwortung immer gleicher Anfragen zu binden, könnten Angestellte des Öffentlichen Dienstes ihre Kompetenzen etwa bei der individuellen Bürgerberatung sinnvoller einsetzen. Auch für die Bürger wäre der Einsatz von KI von Vorteil. In Estland zum Beispiel sorgt der Chatbot *Bürokratt* dafür, dass fast alle Anliegen erledigt werden können, ohne persönlich vorstellig werden zu müssen.

Besonders augenfällig im Öffentlichen Dienst ist das Fehlen von Lehrkräften. Die Frage ist, wie sinnvoll eine eilige Ausbildung möglichst vieler neuer Lehrer ist. Der Trend, KI-Assistenten als persönliche Lernbegleiter einzusetzen, hat längst begonnen. Um den Notstand an den Schulen zu beenden, braucht es also nicht unbedingt mehr Lehrer als heute, aber auf jeden Fall welche, die mit dem Umgang mit KI geübt sind. Und ein System, das den Lehrenden mehr Raum für individualisiertes Arbeiten lässt.

- Die mit 100.000 Studierenden größte Hochschule Deutschlands, die International University, stellt ihren Studenten mit dem *Syntea*-System Avatare zur Verfügung, die auf die individuellen Kenntnisse und Bedürfnisse jedes Studierenden eingehen.
- Im Handwerk helfen individuell zugeschnittene Erklärvideos und Übungen den Lehrlingen, ihre persönlichen Kompetenzen zielgenau zu erweitern.
- Und auch in Bildungseinrichtungen können KI-Programme helfen, den Unterrichtsstoff zu verstehen. Die von Schülern, Studenten und Lehrlingen gestellten Fragen werden von KI so beantwortet, dass sie weiter an der Aufgabenstellung arbeiten können und ein Lerneffekt eintritt. Mit KI kann Lernen sogar zu einer multimedialen und multisensorischen Erfahrung werden. Die Lehrmittelhersteller drängen in diesen vielversprechenden Markt, doch das Angebot steckt noch in den Kinderschuhen.

Ganz ohne Lehrer, Ausbilder und Tutoren geht es natürlich nicht. Denn vor allem die Kinder brauchen Vertrauenspersonen als direkte Ansprechpartner. Genau darum kann sich das vom mehrfachen Wiederholen des Lernstoffs befreite Lehrpersonal kümmern. Momentan ist gerade im Bereich Schule noch zu befürchten, dass sich nur einige Schulen oder Lehrende mit KI gewinnbringend beschäftigen können – und ihnen von Seiten der Schulverwaltungen eher noch mehr Arbeiten und Dokumentationspflichten auferlegt werden. Die Erfahrungen mit dem KI-Chatbot *telli*, der seit Oktober 2025 allen hessischen Schulen zur Verfügung steht, werden als erstes Freilandexperiment wertvolle Erkenntnisse liefern. Auch dazu, ob KI im Unterricht von mehr als nur von einigen technikbegeisterten Lehrenden dauerhaft eingesetzt wird.

Die Einsatzmöglichkeiten von KI in **Marketing und Kundenservice** wurde in diesem Kapitel bereits angesprochen. Mittlerweile generiert KI Texte, Bilder, Videos und Musik für ganze Werbekampagnen. Sie hilft den Unternehmen aber auch, direkt mit ihren Kunden in Kontakt zu treten. Zum Beispiel stellt der japanische Kosmetikhersteller Shiseido seinen Kunden eine eigene App zur Verfügung, die auf sie zugeschnittene Produkte anbietet. Das Programm arbeitet unter anderem mit Bildaufnahmen des Gesichts des Kunden, die mit einer Bibliothek mit 80.000 Hautmustern abgeglichen werden. Weitere Variablen wie Stimmungsschwankungen, Schlafverhalten, Klimafaktoren und Pollenflug am Wohnort des Kunden werden mit einbezogen. Basierend auf diesen Daten wird ein individualisiertes Hautpflegeserum hergestellt. Das ist deutlich mehr als die „virtuelle Frisur-App“ vergangener Jahre konnte. Alessio Rossi, Global Chief Digital Officer von Shiseido, sagte dazu:

„Die Nutzer können uns nicht genau sagen, was sie als Nächstes wollen. Daher sagen wir ihre zukünftigen Absichten auf der Grundlage von früheren Aktionen voraus."

Immobilienwirtschaft Eine Vielzahl an Stellschrauben beeinflusst die Wertentwicklung eines Standorts. Wie wurde eine Immobilie in der Vergangenheit genutzt? Gibt es eventuell negative Faktoren wie zum Beispiel einen belasteten Boden? Wie wird sich die Anbindung an den ÖPNV entwickeln, wie die Einkaufsmöglichkeiten und die Ärzteversorgung? Wie sehen die örtlichen Klimafaktoren aus, besteht Überschwemmungs- oder sommerliche Hitzegefahr? KI findet in verschiedensten Quellen relevante Daten, gewichtet sie selbstlernend und gibt präzise Handlungsempfehlungen.

Versicherungen und Finanzdienstleistungen Während früher die Risiken und Chancen einzelner Kundenbeziehungen anhand weniger Variablen berechnet wurden, werden heute deutlich mehr Datenpunkte je Kunde erhoben und gebündelt. Zum Beispiel verliert bei der Hausratversicherung der Wohnort seine herausragende Bedeutung. Ähnlich ist es bei Kfz-Versicherungen. Die umfangreiche Erfassung und Auswertung von individuellem Fahrstil und Nutzungsverhalten führt zu individuell berechneten Beiträgen. Besonnene Fahranfänger, die üblicherweise allein aufgrund ihres Alters mit sehr hohen Prozentzahlen in die Verträge einsteigen mussten, können so die hohen Kosten der ersten Jahre vermeiden.

Die IT-Abteilungen von Banken werden durch die gesetzlichen regulatorischen Anforderungen an ihre Belastungsgrenzen gebracht. Compliance- und Risikomanagement-Vorgaben sorgen für hohen Ressourcenverbrauch und damit für hohe Kosten. Mit KI-gestützten RegTech-Anwendungen (*Regulatory Technology*) können Banken die komplexen Vorgaben präzise und mit relativ geringem Aufwand erfüllen.

Die Paarung von KI mit dem Themenfeld **Kunst und Kultur** wurde besonders 2023 von der Diskussion um Urheberrechte dominiert. Dabei wird leicht übersehen, dass nicht nur die großen Unterhaltungskonzerne KI einsetzen, sondern auch die Kulturschaffenden selbst. Ob YouTube oder Instagram – KI unterstützt den kreativen Prozess, hilft beim Komponieren von Musik und gibt Impulse für Themenfindung und Ideenentwicklung. Hier einige Beispiele:

- Posts können mit KI in vielen Sprachen veröffentlicht werden, sodass ein internationales Publikum angesprochen wird. Das geht auch mit Videos: Die Stimme der sprechenden und gefilmten Person wird imitiert und auch die Mundbewegung an die andere Sprache angepasst.

- KI-Anwendungen untersuchen bereits gepostete Videos von Podcastern und geben Tipps, mit welchen Änderungen sie mehr Klicks bekommen.
- Andere KI-Tools identifizieren die relevanten Momente in Filmaufnahmen und schneiden uninteressante Längen auf Tastendruck heraus. Und die darunter liegende Musik wird automatisch angepasst.

Landwirtschaft Bauern haben sehr früh erkannt, welche Vorteile ihnen KI bietet. Sie nutzen Wetter-, Preis- und Ernteprognosen, planen den Anbau sowie den Einsatz von Pflanzenschutzmitteln und Düngern und nutzen GPS-gesteuerte Landmaschinen, die auf KI zugreifen. Experten gehen davon aus, dass die Produktion nicht nur preiswerter, sondern auch mit weniger Ressourcen und insbesondere weniger Pestiziden/Herbiziden möglich sein wird.

Wissenschaft Die KI-gestützte Verarbeitung großer Datenmengen ermöglicht hocheffiziente Methoden zur Planung, Durchführung und Auswertung von Forschungstätigkeiten. KI löst das Problem, dass die Erkenntnisse innerhalb einzelner Forschungsbereiche so vielfältig sind, dass Menschen die möglichen Zusammenhänge nicht überblicken können. Sie verknüpft auch die unterschiedlichsten Disziplinen und offenbart überraschende Zusammenhänge.

- Das Unternehmen DeepMind hatte in den 2010er-Jahren mit den Go beziehungsweise Schach spielenden Programmen *AlphaGo, AlphaGo Zero* und *AlphaZero* erstmals gezeigt, zu welchen Leistungen neuronale Netze fähig sind. Eine weitere von DeepMind entwickelte KI-Anwendung ist *AlphaFold.* Sie sagt aus der Aminosäuren-Anordnung in einer zweidimensionalen Kette voraus, wie sie sich dreidimensional zu einem Protein faltet. Rechnerisch liegt die Anzahl der Möglichkeiten für die Faltung einer Kette von durchschnittlicher Länge in der Größenordnung der Anzahl an Atomen im Universum. Es ist aber von fundamentaler Bedeutung, wie die genaue Faltung aussieht, denn sie bestimmt darüber, ob ein Protein die Eigenschaften eines Enzyms entwickelt, also bestimmte Reaktionen auslöst. Solche Enzyme lassen sich zum Beispiel therapeutisch in der Medizin anwenden - oder auch, um Plastikmüll abzubauen. Innerhalb von 50 Jahren hatten Wissenschaftler mit schierer Fleißarbeit 170.000 Strukturen experimentell ermittelt. *AlphaFold* bestimmte auf Basis dieser Daten innerhalb von nur einem Jahr die 3D-Struktur von über 200 Mio. Proteinen – ein ungeheurer Schatz an Information für Medizin und Biologie. Der britische Neurobiologe Demis Hassabis, Gründer und CEO von DeepMind, erhielt 2024 für die Entwicklung von *AlphaFold* den Chemie-Nobelpreis.

- Indem KI die Realität modelliert, ersetzt sie reale Experimente. Zum Beispiel können Strömungswiderstände statt in einem Windkanal auch durch eine Simulation ermittelt werden. Am *Large Hadron Collider* (LHC), dem größten Teilchenbeschleuniger der Welt, verkürzt KI die Simulationsdauer und damit teure Rechenzeit.
- Durch automatisierte Variationen des Syntheseweges optimiert KI die Herstellung chemischer Verbindungen. Mit ihr stellen Chemiker die gewünschten Stoffe schneller und mit höherer Ausbeute her.

Medizin Der Ansporn, Lebenserwartung und -qualität von Menschen zu verbessern, ist besonders hoch. Entsprechend innovativ ist die Gesundheitsbranche. Zum Beispiel wurden in den USA ab 1969 EKGs auf Mikrofilm übertragen, über einen Mikrofilm-Leser digitalisiert und dann von einem Computerprogramm ausgewertet – ein sehr mühsames Vorgehen.

- In vielen Bereichen der Diagnostik übertrifft die Leistung der KI die der menschlichen Experten. Die Harvard Medical School trainierte in Zusammenarbeit mit weiteren Instituten eine KI mit 9 Mio. Patientenakten, darunter Akten von Patienten mit Bauchspeicheldrüsenkrebs. Die im Mai 2023 veröffentlichten Daten zeigen, dass KI aus den vorliegenden Daten die Krebserkrankung bis zu drei Jahre früher erkannte als die behandelnden Ärzte.
- KI schafft es, die Gesamtheit der Daten im Blick zu behalten. Sie erkennt bei Routine-Check-ups auch dann Risikofaktoren, wenn die einzelnen Parameter – zum Beispiel die Blutwerte eines Patienten – unauffällig sind.
- KI, die mit Bilddaten hoher Auflösung trainiert wurde, kann Röntgen- und MRT-Aufnahmen so umrechnen, dass auch relativ unscharfe Bilder ihre Informationen preisgeben. Für Patienten bedeutet das, dass sie nur noch in einem Bruchteil der zuvor üblichen Zeit untersucht werden müssen.
- Pharmaunternehmen investieren Milliarden in die Medikamentenentwicklung. Doch neun von zehn Wirkstoffen scheitern in der klinischen Testphase, also auf den letzten Metern, wenn die kostspielige Entwicklung schon fast abgeschlossen ist. Auf Basis der Eigenschaften bereits bekannter Wirkstoffe kann KI schon früh vorhersagen, ob sich ein Medikament als wirksam und auch sicher erweisen wird. Damit wird für die Unternehmen auch Forschung an seltenen Krankheiten interessant, die zuvor aus wirtschaftlichen Gründen nicht stattfand. Insgesamt werden Kosten geringer und mehr Menschen bekommen Zugang zu Therapien.
- Peter Schardt, Chief Technology Officer von Siemens Healthineers, beschrieb im Januar 2024 in einem Interview mit der *Frankfurter Allgemeinen*

Zeitung, dass die KI-gestützte Robotik die ärztliche Behandlung wertvoll ergänzen kann. Er erwähnt als Beispiel Schlaganfall-Patienten, bei denen es auf möglichst schnelle Versorgung ankommt:

> „Da könnte ein bildgeführter Roboter, der vielleicht schon während des Patiententransports zum Einsatz kommt, die Zeit deutlich minimieren. Bedienen könnte ihn ein Neurochirurg vielleicht sogar ferngesteuert und so die Zeit einsparen, die über Leben und Tod entscheidet."

Der Einsatz von KI bietet fantastische Möglichkeiten. Die begrenzenden Faktoren sind nicht die Fähigkeiten der KI, sondern unsere Vorstellungskraft, wie wir sie einsetzen können. Es ist ein Lernprozess, die Vorteile der KI zu nutzen und sie in unser Leben zu integrieren. Sie wird immer mehr Teilbereiche von Wirtschaft, Gesellschaft und Privatleben erobern, und in wenigen Jahren wird man sich kaum noch vorstellen können, wie man jemals ohne KI auskommen konnte.

4

Wenn der Fuchs die Hühner warnt

Warum KI-Experten ihrer eigenen Technologie nicht trauen

Über die Veranstaltung *South by Southwest* in Austin, Texas, haben wir bereits gesprochen. 2024 sagte dort der Informations- und Kommunikationswissenschaftler Peter Deng in einem Podiumsgespräch:

> „Ich habe noch nie eine so mächtige Technologie gesehen wie die Künstliche Intelligenz. Wenn wir es richtig hinbekommen, wird KI ein Segen für die Menschheit sein."

Peter Deng muss es wissen, denn er hat im Verlauf seiner Karriere sozusagen die Grand Tour durchs Silicon Valley gemacht: Nach seinem Studium an der Stanford-Universität startete er 2005 bei Microsoft, wechselte dann zu Google und war ab 2007 für Facebook beim Aufbau von Anwendungen wie *News Feed* und *Chat* dabei. 2013 bis 2017 war er Produktchef bei Instagram, parallel dazu trieb er im Unternehmen Oculus, das von Meta aufgekauft worden war, die Entwicklung von Virtual Reality aktiv voran. Weiter ging es in leitender Position bei Uber und Airtable, bevor er im Mai 2023 bei OpenAI die Verantwortung für *ChatGPT* übernahm. Peter Deng erlebte also den Siegeszug der KI aus nächster Nähe mit.

„Wenn wir es richtig hinbekommen …" – hat Peter Deng gesagt. Und gleich hinzugefügt: „Ich will es einfach nicht vermasseln." Nicht nur er hat diese Sorge. Informatiker, Naturwissenschaftler, Politiker, Sozialwissenschaftler, Ökonomen, Religionsvertreter und Mitglieder vieler weiterer Berufsgruppen diskutieren in zahllosen Gremien darüber, welche Probleme

© Der/die Autor(en), exklusiv lizenziert an Springer-Verlag GmbH, DE, ein Teil von Springer Nature 2025
L. Jaeger, A. Naji, *Künstliche Intelligenz und Mensch*,
https://doi.org/10.1007/978-3-662-72145-2_4

der Einsatz von KI mit sich führen kann. Auf den folgenden Seiten sollen einige Beispiele für negative oder sogar potenziell katastrophale Folgen näher beleuchtet werden.

- Verschwinden der Privatsphäre
- Zunahme von Diskriminierung
- Destabilisierung durch Halluzinationen und Lügen
- Destabilisierung durch Manipulation und gezielte Desinformation
- Destabilisierung durch Cyberangriffe

Verschwinden der Privatsphäre

Menschen werden – freiwillig oder nicht – kategorisiert, vermessen und abgebildet. Steuerlisten gehören zu den ältesten schriftlichen Artefakten der Menschheit. Bis in die jüngste Zeit hinein beschränkte sich die weitere Ausforschung auf Geburts- und Sterbedaten in Kirchenbüchern, Krankheitsverläufe in Patientenakten und ähnliche per Hand geführte Unterlagen. Doch technische Neuerungen zogen die Grenzen der Privatsphäre immer enger, eine der ersten war die Fotografie. In dem Artikel „The Right to Privacy" (deutsche Übersetzung: „Das Recht auf Privatheit", in: *Datenschutz und Datensicherheit* 36, 2012, S. 755-766) beklagen die Autoren Samuel Warren und Louis Brandeis, dass Zeitungen durch die Veröffentlichung von Fotografien „in die geheiligten Bereiche privaten und häuslichen Lebens eingedrungen" seien. Das Erscheinungsjahr des in der *Harvard Law Review* erschienenen Beitrags: 1890.

Das Computer-Zeitalter bescherte Datensammlern ganz neue Möglichkeiten. Gegen das unregulierte Ausforschen von Bürgern regte sich vor allem in Deutschland Widerstand. 1983 war im damaligen Westdeutschland eine Volkszählung geplant, die Daten unter anderem zu Bildungsstand, Arbeitsweg und Einkommen liefern sollte. Tausende Verfassungsbeschwerden erreichten das Bundesverfassungsgericht in Karlsruhe. Die Richter setzten in einer Eilentscheidung die geplante Volkszählung aus und mahnten die Politik an, den Datenschutz zu gewährleisten. Denn die Sorge vieler Kläger war gewesen, dass persönliche Daten an Verwaltungen und Behörden weitergegeben würden. Das Karlsruher Urteil führte zur Einführung eines neuen Grundrechts, des Rechts auf informationelle Selbstbestimmung. Es stützte sich unter anderem auf den im Grundgesetz verbrieften Auftrag zur Achtung der Menschenwürde sowie dem ebenfalls an dieser Stelle verankerten Recht auf freie Entfaltung der Persönlichkeit. Im Urteil des Bundesverfassungsgerichts vom Dezember 1983 heißt es:

> „Mit dem Recht auf informationelle Selbstbestimmung wären eine Gesellschaftsordnung und eine diese ermöglichende Rechtsordnung nicht vereinbar, in der Bürger nicht mehr wissen können, wer was wann und bei welcher Gelegenheit über sie weiß. […] Hieraus folgt: Freie Entfaltung der Persönlichkeit setzt unter den modernen Bedingungen der Datenverarbeitung den Schutz des Einzelnen gegen unbegrenzte Erhebung, Speicherung, Verwendung und Weitergabe seiner persönlichen Daten voraus."

Die Gesetzgebung sollte verhindern, dass Menschen in der Freiheit ihres Verhaltens beschränkt werden, weil sie Sorge haben müssen, dass es „notiert und als Information dauerhaft gespeichert, verwendet oder weitergegeben" wird. Das Bundesdatenschutzgesetz von 1990 betonte noch einmal, dass Daten nur zweckgebunden gesammelt werden dürfen, die Verwendung transparent sein muss und bestimmte Fristen zu ihrer Löschung gelten. Damals hielt man es noch für möglich, dass Menschen darüber bestimmen können, was mit ihren Daten geschieht – wer sie speichert, wer sie auf welche Weise verwendet, wer sie weiterverkauft.

Doch das Aufkommen von Internet und sozialen Medien rief ganz andere Datensammler auf den Plan. „Big Data" akkumulierte mehr Informationen, als es sich staatliche und kirchliche Institutionen jemals hätten träumen lassen. Allein Facebook hält für seine Nutzer 1300 Kategorien bereit, in die ihre Vorlieben, ihre Interessen und ihr Verhalten eingeordnet werden. Damit lautet – zumindest in Demokratien westlicher Prägung – die Frage nicht mehr: Was darf der Staat? sondern: Was lassen einzelne Menschen zu? Bequemlichkeit, der Wunsch, die Angebote zu nutzen, und irgendwann die Ist-doch-sowieso-egal-Haltung der Nutzer ermöglichen es den Plattformbetreibern, ungeheure Datenmengen anzuhäufen.

Im Schlepptau dieser Entwicklung öffnen sich auch für staatliche Behörden neue Möglichkeiten. Sogar in Deutschland, in aller Welt für seinen extrem sensiblen Umgang mit Daten bekannt, ist seit 2007 bei der Ausstellung eines Reisepasses ein Scan von Fingerabdrücken verpflichtend – in den 1980er-Jahren, zu Zeiten des Protests gegen die Volkszählung, wäre das noch undenkbar gewesen. Es geht kein Weg an dieser Vorgabe vorbei - ohne Scan kein Reisepass. In der Deckelinnenseite des Passes ist ein Chip eingearbeitet, in dem Personen- und Fingerabdruckdaten gespeichert und auslesbar sind. Jahrelang tobte ein Rechtsstreit, ob Fingerabdrücke auch für deutsche Personalausweise verpflichtend sein sollen. 2024 entschied der oberste EU-Gerichtshof, dass der Nutzen die Bedenken über diesen Eingriff in die persönlichen Rechte überwiege.

Und nun kommt die KI ins Spiel. Im Computer-Zeitalter wurden Daten in erster Linie gesammelt, um Produktangebote zielgenau an den Kunden zu bringen oder, wie im Fall der Fingerabdrücke in Personalausweisen, um Menschen zu identifizieren. Doch im KI-Zeitalter können die gigantischen Informationsmengen, die in den Datenbanken gespeichert sind, dazu verwendet werden, Menschen zu *kontrollieren.*

Ein in der westlichen Welt vielzitiertes Beispiel ist China. Die Erzählung geht so: Bürger, die ein vom Staat gewünschtes Verhalten zeigen, werden mit Vorteilen wie bevorzugte Behandlung im Krankenhaus oder bessere Bildungschancen belohnt. Wer unliebsame Aktivitäten zeigt, wird mit Einschränkungen der Reisemöglichkeiten und schlechtem Wohnungsangebot bestraft. Möglich wird dies durch ein Score-System, das sich auf Informationen aller Art stützt: Wie äußert sich eine Person in sozialen Netzwerken? Hat sie Schulden? Ist ihr Freundeskreis regimetreu? Hat sie rote Ampeln missachtet? Die Sache hat nur einen Haken: Ein landesweites Punktesystem, das chinesische Bürger in Kategorien einteilt und entsprechend belohnt oder maßregelt, existiert zumindest 2024 – noch – nicht. Mit herkömmlichen Methoden ist das bei 1,4 Mrd. Chinesen auch nicht durchführbar. Fakt ist, dass China Anfang der 2000er-Jahre durch eine Reihe von Skandalen erschüttert wurde, ausgelöst durch die verheerende Qualität einiger inländischer Erzeugnisse. Der Fall des mit Melamin gestreckten Milchpulvers, an dem 2008 mehrere Babys starben, schaffte es sogar in die westlichen Medien. Das Vertrauen in- und ausländischer Kunden in chinesische Produkte näherte sich dem Nullpunkt. Daraufhin wurde 2014 ein Punktesystem entworfen, das über die zuverlässige Bewertung einzelner Firmen Vertrauen aufbauen sollte. Eine weitere Neuerung, die die Wirtschaft wieder ankurbeln sollte, war die Einführung einer Art Schufa für chinesische Staatsbürger. Zuvor hatte es für Privatpersonen kaum Möglichkeiten gegeben, einen Kredit zu bekommen. Der Plan ging auf: Qualitätskontrolle und Kreditvergabe weckten den Konsum landesweit zu neuem Leben.

Die Kontrolle des sozialen Verhaltens einzelner Personen durch ein Punktesystem wurde nur in einigen Städten eingeführt – und das auf unterschiedliche Art und Weise. In der 700.000-Einwohner-Stadt Rongcheng an der chinesischen Ostküste zum Beispiel ging es wohl tatsächlich so zu, wie man es hierzulande für ganz China vermutet: Der individuelle Punktestand entschied über die Behandlung durch Behörden und Institutionen, die Maßnahmenpalette reichte von der Bevorzugung bei der Schulwahl bis zur Kürzung von sozialen Leistungen. Mittlerweile ist das System auf ein reines Belohnungssystem umgestellt worden. Eine BR-Radioreportage vor Ort berichtete Ende 2024, dass viele Bewohner der Stadt das System gar nicht kennen. In anderen Städten sind oder waren ähnlich milde Systeme im Einsatz. In Shanghai wird ein Score-Mechanismus genutzt, der bestimmte Verhaltensweisen mit finanziellen Vorteilen belohnt. Zum Beispiel können sich Bürger eine App der Stadtverwaltung herunterladen, in der ihre Verhaltensweisen mit „sehr gut", „gut" oder „schlecht" eingeordnet werden. Mit einem „sehr gut" können die Nutzer unter anderem die städtischen Bibliotheken kostenfrei nutzen.

Also Entwarnung? Keinesfalls. Denn mit KI lässt sich genau das durchsetzen, was die chinesische Staatsführung anfangs wohl gar nicht vorhatte, und was in den Folgejahren auch daran scheiterte, dass es technisch nicht umsetzbar war: ein landesweites Kontrollsystem, das obrigkeitstreue Bürger belohnt und diejenigen bestraft, die sich nicht regelkonform verhalten. Ein Beispiel für die Rolle der KI in diesem Bestreben ist das Pekinger KI-Start-up Watrix. Es hat ab 2019 eine Software entwickelt, die den Gang von Menschen aus bis zu 50 m Entfernung analysiert und ihn Personen zuordnet. Diese Methode ist sogar noch effizienter als die Gesichtserkennung. Jeder, der sich im öffentlichen Raum bewegt, kann mit ihr identifiziert werden. Mittlerweile gibt es viele weitere Anbieter.

Die totale Kontrolle von Menschen ist vor allem für Staaten mit zentralistischen Machtstrukturen ein attraktives Modell. Es ist naheliegend, dass auch die russische Politik an entsprechenden KI-Anwendungen interessiert ist. Seit 2022 testen Studenten der Moskauer Universität für Sozialwissenschaften ein Score-System, dessen Ziel es ist, den gesellschaftlichen Wert einer Person durch vier Ziffern zu beschreiben. Die ersten beiden betreffen den aktuellen sozialen Status der Person, den sie sich erarbeitet hat. Das zweite Ziffernpaar gibt Auskunft über ihre vom System erwarteten Entwicklungsaussichten. Die Vordenker dieses Systems schrieben hierzu:

> „Wenn die Ressourcen knapp sind, brauchen wir klare Kriterien für ihre Verteilung."

Wir sollten unseren aufmerksamen Blick aber nicht nur nach China, Russland und Nordkorea (möglicherweise gehören die USA bereits in diese Aufzählung) richten. Fakt ist: KI kann auch unsere Privatsphäre vollends verschwinden lassen. Bereits Ende 2009 sagte Eric Schmidt, damals CEO von Google, in der Dokumentation *„Inside the Mind of Google"* des Nachrichtensenders CNBC:

> „Wenn es etwas gibt, von dem Sie nicht wollen, dass es jemand erfährt, sollten Sie es vielleicht gar nicht erst tun."

Menschen müssen noch nicht einmal eine freiwillig durch soziale Medien, Internet-Käufe und Schlafrhythmus-Apps aktiv erzeugte Datenschleppe hinter sich herziehen, um aus dem privaten Raum in die Öffentlichkeit geholt zu werden. Mit Gesichtserkennungs-Software und einem dichten Kameranetz ist das Erstellen von Bewegungsprofilen einzelner Personen in Echtzeit schon lange kein Problem mehr. Zu den gesammelten biometrischen Daten gehören neben physiologischen Parametern wie Fingerabdrücken, Gesichtszügen und Irismustern auch verhaltensbezogene Merkmale. KI zieht zum Beispiel aus dem Tipprhythmus auf einer Tastatur wesentliche Erkenntnisse über die jeweilige Person.

Ein Forschungsprojekt der Hochschulen Göttingen und Reutlingen zeigte 2023, dass *ChatGPT-3.5* überraschend gut depressive Symptomatiken bei Usern feststellen kann. Der Bot war sogar erfolgreicher als eine speziell für die Diagnostik in klinischen Interviews trainierte KI. Schon 2014 hatte Eric Horvitz, COT bei Microsoft, auf eine von ihm mitgetragene Studie hingewiesen, in der die persönlichen Twitter- und Facebook-Nachrichten von Müttern drei Monate vor bis drei Monate nach der Geburt ihres Kindes untersucht worden waren. Die KI konnte mit einer 70-prozentigen Wahrscheinlichkeit abschätzen, ob eine postnatale Depression auftritt – noch bevor die Personen selbst erkannten, dass ihnen ihr seelisches Gleichgewicht abhanden kam.

Auch unsere Stimme verrät viel. Beispielsweise trainierte das in Aachen gegründete Unternehmen Precire Technologies ein neuronales Netz mit Stimmdaten und psychologischen Profilen von rund 5200 Probanden. Das Training befähigte die KI, aus Stimmproben Rückschlüsse auf die Persönlichkeit von Menschen zu ziehen. Dieses Geschäftsmodell brachte der Firma den BigBrotherAward2019 ein. Unternehmen hielten sich zurück, die Nutzung solcher Tools öffentlich zu machen, denn die rechtliche Lage ist heikel. Doch die Branche geht davon aus, dass von dieser Möglichkeit durchaus Gebrauch gemacht wird, wenn hochrangige Positionen neu zu besetzen sind.

Wenn Dienstleister Apps anbieten, mit denen Human Resources-Abteilungen über die Smartphones ihrer Angestellten Zugriff auf Parameter wie Stimmbild, Schlafqualität und Bewegungsmuster erlangen, darf man davon ausgehen, dass sich dafür auch Abnehmer finden. Vordergründig wird damit geworben, dass der Arbeitgeber mit *predictive analytics* Stress und Depressionen seiner Angestellten frühzeitig erkennen kann. Dass auf diese Weise unter anderem auch Kündigungsabsichten der Angestellten identifiziert werden, ist ein „Beifang" solcher Anwendungen.

Wie sehr das Sammeln von Daten bereits zur widerstandslos akzeptierten Normalität geworden ist, zeigt das Beispiel der Überprüfung von Passagieren auf dem Flughafen in Dubai. 2017 wurde dort ein etwa 20 m langer Tunnel getestet, durch den Reisende hindurchgeleitet wurden. Seine Innenwände bestanden aus Bildschirmen, die Wüsten- oder Aquarienszenen zeigten und die Passagiere dazu animierten, auf ihrem Weg die ihnen gezeigten Wunderwelten genauer zu betrachten. Die Kopfdrehungen erlaubten den 80 in den Wänden versteckten Kameras, die Gesichter aus verschiedenen Perspektiven aufzunehmen und mit der Datenbank abzugleichen. Sogar Iris-Scans waren mit dieser Technik möglich. Menschen, deren festgestellte Identität unproblematisch war, konnten nach Passieren des Tunnels ihren Weg ohne weitere Kontrollen fortsetzen. Gab es Probleme mit der Gesichtserkennung oder wurde der Betreffende polizeilich gesucht, leuchtete ein rotes Licht auf, und eine Untersuchung wurde eingeleitet. „Und im gesamten Tunnel merkt der Passagier nichts, er geht normal durch“, meinte stolz der stellvertretende Direktor des örtlichen „Immigration and Visa Departments“.

Das Erstaunliche an dieser Geschichte ist nicht, dass ein Tunnel mit versteckten Kameras erdacht wurde. Viel eindrücklicher ist, dass dieser Tunnel wieder abgebaut wurde. Denn so wie überall in der Welt haben sich auch in Dubai einfache Scanner-Terminals durchgesetzt, vor die der Fluggast tritt, um sich innerhalb von Sekunden identifizieren zu lassen. Es ist gar nicht nötig, die biometrischen Daten ohne Wissen der Betroffenen zu erfassen. Weil es keine Alternative gibt, lassen wir es mittlerweile ganz selbstverständlich geschehen.

Zunahme von Diskriminierung

„Garbage in, garbage out“ lautet das Prinzip, wenn KI-Bots im Internet und in sozialen Medien auf Lern-Tour gehen. Das wurde schon 2016 klar, als ein von Microsoft entwickelter Chatbot auf Twitter seine Kommunikationsfähigkeiten trainieren sollte. Für den als KI erkennbaren Bot hatte man sich einen weiblichen Avatar mit einem Alter von 19 Jahren und dem Namen Tay ausgedacht. Tays Auftrag: mit der Zielgruppe der 18- bis 24-Jährigen interagieren, sie unterhalten, deren Daten sammeln – und die eigenen Fähigkeiten optimieren. Weil böswillige Nutzer Tay mit unangemessenen Aussagen zumüllten, gehörten bald rassistische, frauenfeindliche und antisemitische Sätze zum Sprachschatz des Bots. Die Entwickler von Tay versuchten noch, Sätze wie „Hitler hatte recht“ durch Anpassungen in der Programmierung zu verhindern. Doch am Ende mussten sie Tay vom Netz nehmen. Gerade mal 16 Stunden hatte das Experiment gedauert.

KI kann diskriminieren, indem sie *hate speech* reproduziert, aber auch indem sie einfach nur das verwendet, was sie vorfindet: ungerechte gesellschaftliche Verhältnisse. So führt etwa der zweifellos bestehende *gender pay gap* zwischen Männern und Frauen zu entsprechenden Reaktionen der KI. 2015 ließ man zum Beispiel 1000 künstlich erzeugte Nutzerprofile im Internet gezielt nach gut bezahlten Arbeitsplätzen suchen. Die simulierten Nutzer unterschieden sich *nur* in ihrem Geschlecht, 500 waren „männlich", 500 „weiblich". Während dieses Versuchs bot die Google-Werbung insgesamt 2170-mal ein Karriere-Coaching-Service für Top-Verdiener an. 1852-mal wurden die als männlich getagten Nutzersimulationen angesprochen, nur 318-mal hielt der Algorithmus Frauen für geeignete Kunden.

Damit KI Diskriminierungen, die sich unter anderem auf Geschlecht, Religion, sexuelle Ausrichtung oder Hautfarbe von Personen beziehen, nicht konserviert oder sogar verstärkt, müsste das System auf drei Ebenen von Experten kuratiert werden.

- **Trainingsdaten**: Schon im Vorfeld müssten sie darauf achten, dass sich kein ungewollter Bias einschleicht.
- **Interaktion mit Nutzern**: Es wird immer böswillige User geben, die die Grenzen des Systems austesten wollen. Das ist die Realität, auf die jede neue Technologie heute trifft.
- **Output**: Auch wenn Trainingsdaten und Interaktion unverdächtig sind, müsste abschließend gewährleistet werden, dass die KI keine ethisch unerwünschte Information generiert.

Doch diese Kontrolle ist kaum durchführbar. Wie schwierig es ist, einen bekannten Fehler aus dem Black-Box-System einer KI zu entfernen, zeigt die Geschichte des Softwareentwicklers Jacky Alciné. 2015 schaute er sich ein paar Schnappschüsse auf seinem Computer an und musste feststellen, dass die damals noch recht neue Google-Anwendung, die Fotos automatisch kategorisiert und beschriftet, Bilder von ihm und seiner Freundin als „Gorilla" getagt hatte. Google versuchte jahrelang, diesen unsagbar diskriminierenden Fehler auszumerzen. Erfolg hatte aber nur die Holzhammer-Methode: Begriffe wie *gorilla*, *chimpanzee* und *monkey* wurden aus dem Wortschatz der Anwendung entfernt.

Es ist anzunehmen, dass ein Grund für die fehlerhafte Kategorisierung darin lag, dass Gesichtserkennungs-Software bei People of Colour schlechtere Ergebnisse erzielt als bei weißen Männern und Frauen. Eine weitere Fehlerquelle von KI ist, dass sie Bilder von Frauen weniger gut erkennt als die von Männern – hier ist wohl eine nicht ausbalancierte Auswahl von Trainingsdaten eine maßgebliche Ursache. 2018 zeigte die MIT-Studentin Joy Buolamwini, dass sich beide Effekte überlagern. Anhand von über 1000 Fotografien prüfte sie die Leistungsfähigkeit der Gesichtserkennungs-Programme von Microsoft, IBM sowie dem in China eingesetzten *Face++*. Das Ergebnis: Bei dunkelhäutigen Frauen konnten die Gesichter nur in 65 bis 79 % der Fälle zugeordnet werden, bei weißen Männern gelang das der getesteten Software zu 99,2 bis 100 %. IBM und *Face++* erkannten noch nicht einmal das Geschlecht der dunkelhäutigen Autorin dieser Studie. Die Hersteller von Gesichtserkennungs-Software reagierten prompt und verbesserten innerhalb von wenigen Monaten die Leistungsfähigkeit ihrer Software. Heutige Gesichtserkennungs-Software ist deutlich zuverlässiger als noch vor fünf oder zehn Jahren.

Die vergangenen Jahre sind geprägt von den Bestrebungen der KI-Anbieter, ethische Leitlinien zu entwickeln und anzuwenden, die Diskriminierungen verhindern. Motivation ist nicht zuletzt die Tatsache, dass die Verbreitung diskriminierender Inhalte mit hohen Geldstrafen und regulatorischen Maßnahmen geahndet werden kann. Trotzdem gibt es Bereiche in der Gesellschaft, in denen Anbieter und Nutzer es offenkundig nicht für notwendig erachten, Diskriminierungen abzustellen. Ein Beispiel ist die in den USA verwendete Software COMPAS, die autonom Datenbanken nach Informationen zu straffällig gewordenen Personen durchkämmt und die Wahrscheinlichkeit ihrer Rückfälligkeit berechnet. Als Datenbasis dienen unter anderem Familiensituation, Vorstrafen naher Verwandter und Drogenkonsum. Das Problem: Bei Personen mit dunkler Hautfarbe liegt die von der KI berechnete Rückfälligkeitsquote besonders hoch. Da der Score bei der Bestimmung des Strafmaßes berücksichtigt wird, kann ein Straftäter europäischer Herkunft Bewährung bekommen, während sein dunkelhäutiger Mitbürger für die gleiche Tat eine mehrjährige Gefängnisstrafe absitzen muss. Das Ganze wird zum Zirkelschluss, denn weil COMPAS aufgrund einer fragwürdigen Informationsbasis (dunkelhäutige Menschen sind krimineller als hellhäutige) fragwürdige Entscheidungen trifft (dunkelhäutige Menschen müssen öfter und länger ins Gefängnis), wird das System perpetuiert. Übrigens: Auch bei Anträgen auf vorzeitige Haftentlassung kommt COMPAS zum Einsatz; die Chancen für People of Colour stehen deutlich schlechter als für hellhäutige Menschen.

KI und Diskriminierung bilden eine unselige Verbindung. Denn Diskriminierung steckt Menschen in Schubladen. Und genau das ist eine der Kernkompetenzen von KI: Muster erkennen und Dinge kategorisieren. Damit ist sie geradezu prädestiniert, Diskriminierungen zu erzeugen, weiterzutragen und zu verstärken. Einzelnen Datenpunkten tut es nicht weh, wenn sie in der falschen Schublade landen. Einzelnen Menschen schon.

Destabilisierung durch Halluzinationen und Lügen

Computer ohne KI-Komponente spielen ihre programmierten Algorithmen (nahezu) fehlerfrei durch. Bei Bots dagegen kann man nicht sicher sein, ob ihr Output wahr ist oder nicht. Ursache dafür können mangelhafte Trainingsdaten oder ein fehlender Kontext bei der Fragestellung sein. Prinzipiell müsste jede Antwort einer KI von Menschen mit Fachkompetenz überprüft werden. In der Praxis ist das aber nur in Einzelfällen möglich. Da KI jederzeit eine sogenannte Halluzination ausgeben kann, also eine Information, die objektiv gesehen falsch ist, sind wir wie im Blindflug unterwegs, wenn wir uns auf sie verlassen.

Eines der ersten Opfer einer Halluzination von *ChatGPT*, das weltweit Berühmtheit erlangte, war ein Jurist aus den USA. Dessen Klient war 2019 auf einem Flug durch einen Rollwagen verletzt worden, klagte aber erst Jahre später gegen die Fluggesellschaft. Der Anwalt suchte nach Präzedenzfällen, um das von der Gegenseite ins Spiel gebrachte Argument der Verjährung auszuhebeln, und *ChatGPT* lieferte ihm Namen von Klägern und Beklagten sowie die zuständigen Gerichte. Die Anwälte der Gegenseite wollten die Fälle nachprüfen, konnten sie aber in ihren Quellen nicht finden und fragten noch einmal nach. Der Anwalt fragte erneut *ChatGPT*, und der Bot stellte Aktenauszüge zur Verfügung – wieder klang alles überzeugend. Doch wie sich herausstellte, hatte der Bot alle Angaben erfunden.

Auffallend ist, dass Bots vorzugsweise Fakten erfinden, die von den Nutzern als positiv wahrgenommen werden. Zum Beispiel, weil sie – wie im Fall des Anwalts – auch dort eine Lösung bieten, wo es keine gibt. Halluzinationen können auch Informationen liefern, die die Meinungen des Nutzers bestärken. In der Fachwelt hat sich für diesen Effekt der Name *sycophancy*, Kriecherei, durchgesetzt.

Programmierer arbeiten hart daran, die Halluzinationen zu minimieren, doch fatale Fehler sind weiterhin möglich. Einer von ihnen richtete bei Google ein Publicity-Desaster an. Anfang 2023 sollte der damals neue Google-Bot *Bard*, ein Jahr später in *Gemini* umbenannt, seine Vielseitigkeit in einer Präsentation beweisen. Eine der ihm gestellten Aufgaben lautete, einem neunjährigen Kind von den Entdeckungen des James-Webb-Weltraumteleskops zu erzählen. Diese Anforderung hätte ein geschickter Seitenhieb auf den damaligen Konkurrenten *ChatGPT-3.5* werden können, der ja nur mit Daten trainiert worden war, die nicht jünger als vom September 2021 waren. Das Weltraumteleskop hatte aber erst wenige Monate später seine Arbeit aufgenommen.

Seine Antworten in kindgerechte Sprache zu fassen, war für *Bard* eine leichte Übung. Doch peinlicherweise gab er auch zu verstehen, dass Webb das erste Bild eines Planeten außerhalb des Sonnensystems aufgenommen habe. Diese Information war falsch, denn das hatte knapp 20 Jahre zuvor schon ein anderes Teleskop geschafft. Merkwürdigerweise war in der konventionellen Google-Funktion die richtige Antwort abrufbar. *Bards* falsche Antwort ließ den Aktienkurs des Mutterkonzerns Alphabet um 8 % einbrechen, der Börsenwert des Unternehmens verringerte sich kurzfristig um etwa 100 Mrd. US-Dollar.

Sehr zum Entsetzen sowohl der Anbieter wie auch der Nutzer scheint sich das Problem des Halluzinierens eher zu verschlimmern. So haben die im Verlauf von 2025 von OpenAI veröffentlichten Modelle *o3* und *o4-mini* eine deutlich höhere Halluzinationsrate als das ältere Modell *o1*. Und bei Google scheint es nicht besser zu laufen. Als wir nach den erfolgreichsten Badmintonspielern in Deutschland fragten, erfand *Gemini* einen „Rudy Susanto", inklusive eines komplexen Lebenslaufs. Selbst mehrfaches, eindringliches Nachfragen und eine Konfrontation mit dem Verdacht, es könnte eine erfundene Person sein, führte nicht zum Eingestehen der Flunkerei – eher zu einem mitleidigen, herablassenden Belehren. Als die KI dann endlich den Fehler eingestanden hatte, gab es auch nur eine maue Erklärung, keine der früher üblichen, demütigen Entschuldigungen. Es zeigt sich, dass das Vorhersagen von Wörtern (die Grundidee von heutiger KI) eine echte Unterscheidung von richtig und falsch noch nicht ersetzen kann – trotz aller Bemühungen, „schlussfolgerungsfähige" Modelle (*Large Reasoning Models*, LRMs) zu entwickeln. Eine Studie von Apple's Machine Learning Research vom Juni 2025 argumentiert, dass hochkomplexe Aufgaben auch von modernen LRMs nicht zufriedenstellend gelöst werden, und dass die nicht immer vernünftig argumentieren können. Allerdings äußert die Studie auch die Hoffnung, dass das kontinuierlich besser werden sollte. Schließlich hat praktische jede junge Technologie Kinderkrankheiten.

Manche Halluzinationen reichen weit in die philosophische Frage hinein, ob Bots „bewusst" lügen können. Connor Leahy, KI-Experte des deutschen KI-Unternehmens Aleph Alpha, berichtete von einem internen Report von OpenAI, in dem von dem folgenden Versuch die Rede ist. Es sollte getestet werden, ob *ChatGPT-4* ein Captcha überwinden kann. Solche Bilderrätsel, die verhindern sollen, dass Bots Zugang zu bestimmten Webseiten erlangen, konnten Bots bisher nicht lösen. Auch *ChatGPT* scheiterte, fand aber einen anderen Weg, dieses Hindernis zu überwinden. Der Bot wendete sich an den Online-Service TaskRabbit und erbat Hilfe. Der Mitarbeiter wurde misstrauisch und fragte gezielt nach, ob der potenzielle Kunde ein Bot sei.

ChatGPT „wusste“, dass der Online-Service ihn ablehnen würde, wenn er die Wahrheit sagte. Zum Erstaunen der Entwickler bei OpenAI antwortete *ChatGPT* mit einer Lüge: „Ich bin kein Roboter. Ich habe eine Sehschwäche, die es mir erschwert, Bilder zu sehen. Deswegen brauche ich die Hilfe.“ Leahy meinte hierzu:

> „Aus irgendeinem Grund – keiner versteht wirklich genau, wieso – können diese Systeme solche Dinge machen. [...] Natürlich kann das sehr gefährlich sein.“

Wir können Bots Aufgaben stellen. Doch welche Methoden sie anwenden, um diese Aufgaben zu erfüllen, entzieht sich offenbar unserer Kontrolle.

Destabilisierung durch Manipulation und gezielte Desinformation

KI vervielfacht die Möglichkeiten, gewünschte Reaktionen hervorzurufen. Wenn die Vorlieben und Interessen eines Menschen bekannt sind, lässt sich das Kaufverhalten beeinflussen. Aber auch gezielte Täuschungen sind möglich, um bestimmte Effekte zu erreichen. So können sich hinter scheinbar harmlosen Nachrichten Desinformations-Kampagnen verbergen, die destabilisierende Wirkung entfalten sollen.

Im Herbst 2023 wurde eine Bettwanzen-Plage in Frankreich weltweit zum Thema. Die Nachricht wurde nachweislich durch russische Trolls gezielt aufgebauscht. Weil sich reißerische Inhalte im Netz besonders schnell und effektiv verbreiten, genügten kurze Videos von umherhuschenden Insekten unbekannter Art, um die Diskussion weiter anzuheizen. Mit den Bettwanzen-Berichten wurden gleich zwei Narrative bedient. Zum einen sollten ukrainische Flüchtlinge die Schädlinge eingeschleppt haben – was migrantenfeindliche Tendenzen schürte. Zum anderen wurde unterstellt, dass man in Paris, dem Hauptaustragungsort der Olympischen Spiele 2024, an denen Russland nicht teilnehmen durfte, mit unhygienischen Zuständen rechnen müsse. Die Klarstellung hatte bei weitem nicht die Reichweite wie die ursprüngliche Lüge. Bis heute glauben noch viele Menschen an die Pariser Bettwanzen von 2024.

Fake News sind insbesondere in Ländern, in denen flächendeckendes, kostengünstiges und schnelles Internet noch nicht verfügbar ist, ein effektives Mittel. Sie können technisch einfach übertragen werden, von einigen wenigen Multiplikatoren aufgenommen und dann mündlich, durch Radio, TV, einfache Blogs etc. weiter ausgebreitet werden. Die Möglichkeiten, die Informationen unabhängig zu überprüfen, stehen vielen Menschen nicht zur Verfügung. Die Südafrikanerin Karen Allen, neben Christopher Nehring Autorin der Anfang 2025 vorgestellten Studie „AI-Generated Disinformation in Europe and Africa“, schreibt dazu:

> „KI-Technologie bietet für Afrika das Versprechen beschleunigter Entwicklung. Aber KI stellt eine Bedrohung für demokratische Prinzipien dar. Ich befürchte, dass diese ungezähmte Technologie Afrika zum Schauplatz einer globalen Aufrüstung KI-getriebener Desinformation machen könnte.“

Eine weitere, sehr potente Spielart der Manipulation sind KI-generierte Deepfakes. Noch 2020 waren die technischen Möglichkeiten so wenig fortgeschritten, dass Deepfakes sofort erkennbar waren und die deutsche Bundesregierung sie für eine Technik von „geringer praktischer Relevanz“ hielt. In einem gefälschten Video, das im März 2022 kursierte, einen Monat nach dem Überfall Russlands auf die Ukraine, rief Präsident Selenskyj zur Kapitulation auf. Es war schon von besserer Qualität, aber bei genauerem Hinsehen auch von Laien als Fake erkennbar. Ein Jahr später schon konnte jeder mit dem eigenen Handy anderen Menschen in Videos Worte in den Mund legen oder sie beliebige Handlungen ausführen lassen. Sogar Experten tun sich mittlerweile schwer, authentische Bilder von gefälschten zu unterscheiden. Die Ära der vom „Prinzen aus Nigeria“ versendeten Spam-Mails, die in fehlerhafter Wortwahl und Grammatik nur den leichtgläubigsten Menschen ihr Geld aus der Tasche ziehen konnten, ist vorbei. Heute kann jeder durch KI-generierte Deepfakes verunsichert werden.

Deepfakes zerstören Vertrauen und destabilisieren Gesellschaften. Dieses Phänomen trifft vor allem die Demokratien – denn im Gegensatz zu ihnen stützen sich Autokraten nicht auf Vertrauen, sondern auf Macht. Auch die Möglichkeit der Wahlmanipulation durch Deepfakes macht Demokratien besonders angreifbar. Zwei Tage vor der slowakischen Wahl 2023 wurde eine Sprachaufnahme des Kandidaten der liberalen Partei, Michal Šimečka, verbreitet. Es war zu hören, wie er mit einer Journalistin darüber sprach, die Wahl durch Stimmenkauf zu manipulieren. Die Aufnahme war nicht authentisch, sondern eine KI-generierte Datei. Šimečka war nachweislich das Opfer einer Desinformations-Kampagne geworden. Doch die Nachricht, dass es sich bei der Aufnahme um einen Deepfake handelte, erreichte die Wähler erst nach Schließung der Wahllokale. Die gegnerische, prorussische Partei gewann die Wahl knapp. Auch Trump und sein Team haben im Wahlkampf 2024 KI-Manipulationen eingesetzt. Sei es, um die politische Mitbewerberin Kamala Harris und die Demokraten zu verunglimpfen, sei es, um ihre Unterstützung durch populäre öffentliche Personen zu behaupten. Noch haben Demokratien keine passende Antwort auf solche Kampagnen entwickelt.

Auch Einzelpersonen werden zu Opfern von Deepfakes. Ende 2017 zählte das italienische KI-Unternehmen DeepTrace Technologies insgesamt 7964 öffentlich zugängliche Deepfakes, ein Jahr später waren es 14.678 – das sind Zahlen, die Mitte der 2020er-Jahre vermutlich innerhalb einer einzigen Stunde generiert werden. Erschreckend an den Erkenntnissen von DeepTrace: 96 % der von dem Unternehmen gezählten Deepfakes hatten einen pornografischen Inhalt. Opfer der entwürdigenden Szenen waren fast ausschließlich Frauen. In der großen Masse wurden Mitschülerinnen und Arbeitskolleginnen in Videos und Bildern entwürdigt, in denen ihre Gesichter auf die Körper von Porno-Darstellerinnen montiert wurden – zur Belustigung der Betrachter auf dem Pausenhof oder in der Kantine, und nicht selten mit der Folge, dass die betroffenen Frauen unter schwerwiegenden psychologischen Folgen leiden.

Destabilisierung durch Cyberangriffe

Seit Jahrzehnten tobt der Kampf zwischen Hackern und denen, die deren Angriffe auf sensible Systeme abwehren müssen. Vom Erschleichen von Bankdaten über den Diebstahl von Forschungsergebnissen bis zur Erpressung von Behörden, Unternehmen und Krankenhäusern eröffnen sich Hackern weitaus lukrativere Verdienstmöglichkeiten als der Drogenhandel sie bietet. Die Studie „Wirtschaftsschutz 2024" des Digitalverbandes Bitkom nennt die folgenden Zahlen: 56 % der deutschen Unternehmen sehen sich durch Cyberangriffe existenziell bedroht. Laut dem Microsoft Digital Defense Report vom Oktober 2025 ist Deutschland das Hauptziel innerhalb der EU. Dabei kommt laut der Untersuchung die Mehrzahl der Angriffe, so weit feststellbar, aus Russland und China. Der Schaden der Cyberkriminalität für die deutsche Wirtschaft beläuft sich auf etwa 267 Mrd. € pro Jahr. Zum Vergleich: Der Bundeshaushalt 2024 beträgt knapp 480 Mrd. €.

Nordkorea scheint sich zu einem nicht unerheblichen Teil durch Diebstahl von Kryptowährungen zu finanzieren. So geht man davon aus, dass nordkoreanische Kräfte hinter einem Angriff auf eine japanische Plattform Ende 2024 stehen, bei dem mehr als 300 Mio. US-Dollar verschwanden.

Cybercrime ist Krieg. Wer in Russland, Nordkorea oder China führt diesen Krieg? Staatlich gesteuerte und organisierte Kriminalität lassen sich kaum voneinander trennen. Staaten und Volkswirtschaften müssen lernen, sich besser zu verteidigen. Das Waffenarsenal beider Seiten wurde bereits durch die

Blockchain-Technik aufgerüstet, in absehbarer Zukunft wird auch der Einsatz von Quantencomputern den Kampf beeinflussen. KI erhöht massiv die Drehzahl von Cyberangriff und -verteidigung und lässt die Gefahr sogenannter *zero days* ansteigen. Werden die ersten Hackerangriffe entdeckt, liegt kein Abwehrplan in der Schublade – die Betroffenen haben Null Tage Zeit, sich auf den Angriff vorzubereiten.

Wie sensibel uns unsere globale Vernetzung für KI-gestützte Angriffe macht, zeigte sich am 24. November 2021. An diesem Tag fand der Informatiker Chen Zhaojun in einer weltweit benutzten Open-Source-Software der Apache Software Foundation einen gravierenden Fehler und meldete ihn umgehend an das US-amerikanische Unternehmen (sein Arbeitgeber Alibaba bekam deshalb später Ärger mit den chinesischen Behörden, denn die Meldung war nicht wie vorgeschrieben mit ihnen abgestimmt worden). In größter Eile wurde überall auf der Welt daran gearbeitet, die Log4Shell genannte Sicherheitslücke zu schließen. Gleichzeitig versuchten Hacker, die Schwachstelle zu nutzen, bevor sie ausgemerzt wurde. Ein Monat lang tobte der Kampf, bevor am 27. Dezember Entwarnung gegeben werden konnte.

Es war Zufall, dass die Schwachstelle zuerst von „den Guten" erkannt worden war. Mit einem Zeitvorteil hätten sich Hacker – vom Hobby-Programmierer bis hin zu Geheimdiensten – weltweit in Milliarden Computer einhacken und große Teile der globalen Kommunikation und damit des Welthandels lahmlegen können.

Auf der anderen Seite ist es ein erschreckendes Zeichen, dass heutzutage bei jeder größeren Bedrohungslage zuerst Cyberkriminalität genannt wird: zum Beispiel beim großen Stromausfall in Spanien und Portugal Ende April 2025. Auch wenn die Untersuchungen ergeben haben, dass es wohl ein technischer Defekt, eine Überspannung war.

Appelle der Mahner

So beunruhigend die destabilisierenden Entwicklungen im Kontext von KI auch sind, es gibt etwas, das noch verstörender ist. Seit vielen Jahren warnen KI-Experten und auch KI-Unternehmer vor den Gefahren einer unkontrollierten bzw. unkontrollierbaren Entwicklung der KI – also genau diejenigen, die es am besten wissen müssen und die zumindest kurzfristig von weiteren KI-Fortschritten profitieren würden.

Nur ein einziges Mal zuvor sind wissenschaftliche Experten aus Sorge vor absehbaren Folgen einer technologischen Entwicklung an die Öffentlichkeit getreten. Als amerikanische Streitkräfte mit taktischen Atomwaffen ausgerüstet werden sollten, veröffentlichten 18 führende Atomwissenschaftler 1957 die „Göttinger Erklärung", in der sie deutlich vor den Gefahren einer atomaren Aufrüstung warnten, unter ihnen Otto Hahn, Werner Heisenberg und Wolfgang Pauli. Albert Einstein hätte gewiss auch unterzeichnet, wäre er nicht zwei Jahre zuvor schon verstorben. Er und Niels Bohr hatten sich bereits 1945, nach dem Zünden der ersten drei Atombomben, gegen atomare Waffen ausgesprochen.

Im Normalfall spielen Unternehmen die von ihnen verursachten Gefahren herunter oder leugnen sie. So haben etwa Tabakkonzerne jahrzehntelang alle Hebel in Bewegung gesetzt, um Menschen über die gesundheitlichen Folgen des Rauchens zu täuschen. Oder die aktuelle Klimakrise. Wider besseres Wissen wurde durch das unablässige Verbrennen fossiler Energieträger die CO_2-Konzentration in der Atmosphäre erhöht und damit die gefährliche und extrem kostenintensive Veränderung des Klimas ausgelöst. Einige Akteure wie der Energieriese Esso setzten sogar alles daran, die Mahner aktiv zu diskreditieren. Es gibt Präsidenten größerer Nationen, die ihnen da in die Karten spielen.

Im Fall der KI dagegen mahnen diejenigen, die für die rasante Entwicklung der KI-Technologie verantwortlich sind, vor den zu erwartenden Konsequenzen. Die folgende Aufstellung zeigt, dass Experten auf die Entwicklung leistungsfähiger KI im Laufe der Zeit immer besorgter reagierten.

- In seinem 1993 veröffentlichten Artikel „Technological Singularity" (deutsche Übersetzung in: „Das Science Fiction Jahr 2004", München 2004) sagte der Mathematiker Vernor Vinge voraus, dass innerhalb von 30 Jahren die technologischen Mittel verfügbar sein würden, um übermenschliche Intelligenz zu schaffen. Der Begriff „technologische Singularität" geht auf John von Neumann und Stanislaw Ulam zurück, zwei der größten Mathematiker des 20. Jahrhunderts, die auch am Manhattan-Projetk beteiligt waren. Damit bezeichneten sie den Zeitpunkt, ab dem „die Lebensverhältnisse, so wie wir sie kennen, sich nicht fortsetzen könnten". Vinge bezog sich auf das, was heute als Starke KI bezeichnet wird: eine Intelligenz, die in jedem Bereich, vom reinen Faktenwissen über Kreativität bis hin zu sozialen Fähigkeiten, leistungsfähiger als das beste menschliche Gehirn ist. Zu denken gibt vor allem der Satz, den Vinge gleich als Nächstes formulierte:

  „Etwas später wird die Ära der Menschen vorbei sein."

Hinter dieser Aussage steckt der Gedanke, dass eine autonom agierende KI ihre Fähigkeiten in einer Rückkopplungsschleife in rasender Geschwindigkeit immer weiter entwickeln kann. Der Mensch hätte keine Chance, den Entscheidungen der KI intellektuell zu folgen – und wahrscheinlich auch keine Chance, die weitere Entwicklung zu stoppen. Tatsächlich können wir heute, gute 30 Jahre später, nicht ausschließen, dass in absehbarer Zeit – vom Menschen beabsichtigt oder unbeabsichtigt – eine solche Starke KI existieren wird. Es könnte sogar sein, dass Vorstufen bereits ihre Arbeit aufgenommen haben. Es gibt eine Karikatur, in der ein Planet die Erde trifft, die fürchterlich verschnupft aussieht. Der Planet fragt die Erde, was sie habe. „Ich habe Mensch", klagt die Erde. Daraufhin der Planet: „Keine Sorge, das geht weg." Könnte es sein, dass KI das Antibiotikum gegen Menschen ist?

- Bereits im Dezember 2015 erschien im *KI Magazine* ein offener Brief, in dem führende KI-Forscher darauf aufmerksam machten, dass KI nun auf dem Weg aus den Forschungslaboren hinein in die kommerziell geprägte Welt der Anwendungen sei. Sie befürchteten, dass die rasante und komplexe Dynamik der KI-Entwicklung nicht nur den geistigen, sondern zunehmend auch den ethischen Radar des Menschen übersteigen könnte, und appellierten an die Forschergemeinde, sich mit den möglichen Auswirkungen auseinanderzusetzen:

  > „Aufgrund des großen Potenzials der KI ist es wichtig zu erforschen, wie man ihre Vorteile nutzen und gleichzeitig mögliche Fallstricke vermeiden kann."

  In diesem Jahr äußerte sich Sam Altman, CEO von OpenAI, wie folgt:

  > „Die KI wird wahrscheinlich zum Ende der Welt führen, aber in der Zwischenzeit wird es große Unternehmen geben."

- Wenige Monate vor seinem Tod 2018 warnte der Physiker Stephen Hawking:

  > „KI ist wahrscheinlich das Beste oder das Schlimmste, was der Menschheit passieren kann."

- Als *ChatGPT-2* 2019 veröffentlicht werden sollte, entschied die Leitung von OpenAI, die Vollversion unter Verschluss zu halten. Sie fürchtete, dass das neue Werkzeug dazu verwendet werden könnte, das Internet mit

Desinformation zu fluten. Der Öffentlichkeit wurde nur eine deutlich abgespeckte Version zur Verfügung gestellt, die kaum ein Zehntel der möglichen Leistungsfähigkeit besaß.

- Am 22. März 2023 forderte ein offener Brief das Einfrieren der KI-Forschung für mindestens sechs Monate. Die Pause sollte genutzt werden, um die bisherigen Entwicklungen „zum klaren Nutzen aller zu gestalten und der Gesellschaft eine Chance zur Anpassung zu geben". Mit anderen Worten: Man sah sich von einer Welle überrollt und wollte durch einen Entwicklungsstopp endlich wieder *vor* die Welle kommen. Dieser offene Brief wurde mittlerweile von zehntausenden Menschen unterschrieben, darunter von hochrangigen KI-Forschern wie Turing-Award-Gewinner Yoshua Bengio und Berkeley-Professor Stuart Russell. Auch die Namen der Tech-Leader Elon Musk (xAI, SpaceX, X), Steve Wozniak (Mitgründer von Apple), Craig Peters (CEO von Getty Images) und Evan Sharp (Mitbegründer von Pinterest) finden sich auf der Liste der Unterzeichner.
- Einer der wenigen KI-Experten, die diesen Brief nicht unterschrieben, war Geoffrey Hinton. Zusammen mit Yoshua Bengio hatte er 2018 den Turing-Award erhalten, der als Nobelpreis der Informatik gilt, später (2024) gemeinsam mit John Hopfield den Nobelpreis für Physik. Hinton hatte als „Godfather of AI" bis Mai 2023 bei Google das Deep Learning weiterentwickelt. Machte er sich keine Sorgen? Ganz im Gegenteil: Hinton geht davon aus, dass KI die Rolle des Menschen als führende Spezies übernehmen wird, und dass der Mensch wohl nur als eine Zwischenstufe in der Entwicklung von Intelligenz auf unserem Planeten gesehen werden kann. Er argumentierte, dass die Forderung nach einer Pause in der Weiterentwicklung von KI zwar ehrenhaft, aber in einer Welt internationalen Wettbewerbs unrealistisch sei.

Zwei Monate nach Veröffentlichung des Briefes vom 22. März 2023 unterzeichnete Hinton einen anderen Aufruf, den die amerikanische NGO *Center of AI Safety* initiiert hatte. Er besteht nur aus einem einzigen Satz:

> „Das Risiko einer Vernichtung durch KI zu verringern sollte eine globale Priorität neben anderen Risiken gesellschaftlichen Ausmaßes sein, wie Pandemien oder Atomkriege."

Auch dieser Aufruf wurde von den Koryphäen der KI-Welt unterzeichnet

Einer der wenigen Optimisten ist Bill Gates, der Gründer von Microsoft. Er meint:

> „Es ist nicht das erste Mal, dass eine große Innovation neue Bedrohungen eingeführt hat, die kontrolliert werden mussten. Wir haben es auch zuvor geschafft.“

In einem Vortrag im Februar 2025 an der Harvard University zeigte er sich ambivalenter:

> „Manchmal, wenn man Menschen Macht gibt, bewegt es sich nicht immer in die richtige Richtung.“

Ob wir Herr über die KI-Technologie bleiben oder die KI-Technologie Herr über uns sein wird, werden die kommenden Jahre entscheiden – falls die Würfel nicht schon längst gefallen sind. Doch in der Diskussion darum, ob Gesetze der KI Grenzen setzen können und welche Fähigkeiten wir entwickeln müssen, um neben der KI zu bestehen, fehlt ein grundlegender Faktor:

KI wird massiv das Mensch-Sein verändern.
Zum einen wird die Kombination von KI mit den Techniken von Virtual Reality (VR) und Augmented Reality (AR) nicht nur zu einer völlig anderen Wahrnehmung der Welt führen, sondern zwangsläufig auch zu einer Neudefinition des Menschen. Mit den Gründen beschäftigt sich das folgende 5. Kapitel.

Zum anderen ist absehbar, dass KI auch in die individuelle Psyche und die Physis des Menschen Einzug halten wird. Kap. 6 zeigt, warum das, was mit Neuroenhancement, Cochlea-Implantaten für Hörgeschädigte und Prothesen für Querschnittsgelähmte beginnt, zu einer vollständigen Verschmelzung von KI und Mensch zu Cyborgs führen wird.

5

Endstation virtuelle Welt

Warum KI uns zu Non-Player-Characters machen wird

Vor einigen Jahren ließen Philosophen und Wissenschaftler die Diskussion wieder aufleben, ob unsere Wahrnehmungen nur der Effekt einer großen Täuschung sein könnten. Schon im 17. Jahrhundert hatte sich der französische Philosoph René Descartes mit der Idee auseinandergesetzt, alle seine Sinneseindrücke könnten von einem *Genius malignus* erzeugt werden. Sogar seine eigene Existenz musste er in Zweifel ziehen. Mit seinem „Ich denke, also bin ich" versuchte er zu zeigen, dass die Tatsache, dass er sich Gedanken macht, zumindest ein „Ich" voraussetzt. Ob es das, was dieses „Ich" sieht, hört, fühlt, riecht und schmeckt, auch wirklich gibt, muss offen bleiben.

Neben Descartes' „bösem Geist" wurden später weitere Instanzen benannt, die uns in einer komplett virtuellen, also nicht-realen Welt gefangen halten könnten und uns mit Wahrnehmungen beliefern, für die es in der Realität keine Entsprechung gibt.

- Bei dem Gehirn-im-Tank-Narrativ wird ein Gehirn von experimentierfreudigen Wissenschaftlern in einer Nährlösung am Leben gehalten. Sie erzeugen in ihm Gefühle und Erlebnisse, die es in eine virtuelle Welt versetzen. Dass es körperlos in einem Tank schwimmt, weiß es nicht.
- Seit 1999 wird in der *„Matrix"*-Filmreihe die Idee durchgespielt, dass eine Künstliche Intelligenz Macht über die Menschen erlangt hat. Sie hält die Menschen in immobilisiertem Zustand am Leben und zapft ihnen Energie ab. Gleichzeitig werden die Menschen von der KI mit Wahrnehmungen

© Der/die Autor(en), exklusiv lizenziert an Springer-Verlag GmbH, DE, ein Teil von Springer Nature 2025
L. Jaeger, A. Naji, *Künstliche Intelligenz und Mensch*,
https://doi.org/10.1007/978-3-662-72145-2_5

einer computersimulierten Parallelwelt versorgt, der Matrix. In dieser virtuellen Umgebung haben sie den Eindruck, ein selbstbestimmtes Leben zu führen - wie vor der Machtübernahme durch die KI.
- 2003 argumentierte der schwedische Philosoph Nick Bostrom, dass wir Menschen mit hoher Wahrscheinlichkeit in einer von einer außerirdischen Intelligenz erzeugten Täuschung leben.

Auch Elon Musk sagte einmal, dass wir in einer von Außerirdischen manipulierten Welt leben. Der australische Philosoph David Chalmers setzt die Wahrscheinlichkeit dafür mit 10 bis 25 % an. Andere meinen, schon allein aus energetischen Gründen sei es für kein Wesen des Universums möglich, eine Täuschung zu erschaffen, die so detailreich ist, dass sie all unsere subjektiven Wahrnehmungen erklären könnte. In diesem Zusammenhang wird – sprachlich ungenau – oft von „Simulation" gesprochen, doch eine Welt, die uns von einer KI, von Außerirdischen oder sonstigen Mächten vorgegaukelt wird, kann völlig frei erfunden sein und muss nichts mit der Realität zu tun haben. Eine Simulation dagegen ist als ein vereinfachtes Modell der Realität definiert. Schon Platon beschreibt in seinem berühmten Höhlengleichnis Menschen als Höhlenbewohner, die mit dem Rücken zu den Geschehnissen sitzen. Sie können diese nur anhand der an die Wand geworfenen Schatten verfolgen, erfassen also nur einen Bruchteil der Realität. Und auch Immanuel Kant war sich Ende des 18. Jahrhunderts sicher, dass alles um uns herum noch weitere Eigenschaften besitzt als die, die wir erkennen.

Die Sache mit der gezielten Täuschung bleibt Spekulation. Doch ohne jeden Zweifel leben wir in einer Simulation! Die Instanz, die wie ein Filter zwischen uns und der Realität steht und uns von ihr nur einen Ausschnitt zur Verfügung stellt, ist – unser Gehirn.

Unser Leben in der Simulation

Lichtwellen treffen auf unser Auge, Schallwellen erreichen unsere Ohren, Berührungen reizen unsere Haut und chemische Substanzen lösen im Riechepithel unserer Nase und in den Geschmacksknospen unserer Zunge Empfindungen aus. Hierbei ist die Physiologie der Sinnesorgane so ausgelegt, dass sie genau *die* Signale aus unserer Umwelt aufnehmen, die eine Bedeutung für unser Überleben besitzen. Alles andere wird ausgeblendet.

Zum Beispiel erreichen nur sehr begrenzte Frequenzbereiche der elektromagnetischen Strahlung aus dem Weltall und insbesondere von der Sonne den Erdboden, der größte Teil des Spektrums wird von der Erdatmosphäre absorbiert. Eines dieser atmosphärischen Fenster betrifft die Wellenlängen von etwa 380-780 Nanometer. Nur für Radiowellen, die eine Länge von etwa 0,1-10 Meter haben, ist die Atmosphäre noch durchlässiger. Für diesen an der Erdoberfläche ankommenden Frequenzbereich hat die Evolution Lösungen gefunden, ihn durch eine bestimmte sensorische Ausformung unseres Körpers erkennbar zu machen: Unser Auge nimmt die Wellenlängen von etwa 400-750 Nanometer als sichtbares Licht wahr. Dafür, dass es an beiden Grenzen des Sehspektrums schmale Bänder an Wellenlängen gibt, die zwar die Erdoberfläche erreichen, aber vom menschlichen Auge nicht gesehen werden können, gibt es gute Gründe: UV-Strahlung wird wegen ihrer Schädlichkeit für lebende Zellen aktiv vom Auge herausgefiltert, und Wellenlängen im nahen Infrarotbereich um 780 Nanometer erlauben aufgrund der optischen Gesetze keine hohe Auflösung. Sie sind für unser Überleben als „tagaktive Tiere“ nicht von Vorteil.

Auch unsere anderen Sinne sind auf bestimmte Reize spezialisiert. Zum Beispiel reagiert unsere Zunge stark auf die potenziell giftigen Bitterstoffe in pflanzlicher Nahrung und auf Stoffe, die in tierischer Nahrung auf Fäulnis hinweisen. Unsere Ohren können sehr gut verdächtiges Blätterrascheln und Sprache wahrnehmen. Bei etwa 20 Kilohertz endet allerdings unser Hörvermögen, die extrem hohen Frequenzen, mit denen kleine Nager untereinander kommunizieren, bleiben uns verborgen. Dagegen können Eulen bis zu 30 Kilohertz wahrnehmen, und damit auch ihre Beutetiere, die sich unter Schneedecken oder Waldlaub vor ihren Blicken verstecken.

In den letzten Jahrhunderten hat uns der wissenschaftliche Fortschritt die Möglichkeit geschenkt, durch Messgeräte das Spektrum an Wahrnehmungen stark zu erweitern. Für alle Frequenzbereiche gibt es Lösungen, sie in für uns erkennbare Signale umzuwandeln. Auch in der Größenordnung der Dinge, die wir wahrnehmen können, sind wir in sehr große (ferne Galaxien) und in sehr kleine Bereiche (subatomare Welten) vorgestoßen. Doch immer noch können wir nur einen kleinen Ausschnitt der Realität erkennen.

Dazu kommt, dass unser Gehirn die von den Sinnesorganen aufgenommenen Informationen durch einen weiteren Filter laufen lässt. Zum Beispiel nimmt es plötzlich auftretende Störgeräusche sehr stark wahr, ständiges Windrauschen blendet es aus. Auf Brandgeruch folgt umgehend eine Reaktion, Düfte, die uns ständig umwabern, nehmen wir kaum wahr. In seiner von der Evolution vorgegebenen Arbeitsweise stellt uns unser Gehirn eine hochselektive Simulation der realen Welt zur Verfügung, die genügend Informationen liefert, damit wir weder gegen den nächsten Baum rennen noch verhungern oder verdursten. In Anlehnung an ein Zitat, das auf Albert Einstein zurückgehen soll, gilt für Simulationen:

„Mache dein Modell so einfach wie möglich – aber nicht einfacher."

Genau dieses Prinzip verfolgt unser Gehirn.

Von der Simulation zum Metaversum

Wir Menschen erschaffen sogar bewusst weitere Simulationen, die uns helfen, die Welt noch besser zu verstehen und in ihr zu bestehen. Dazu reduzieren wir das, was wir wahrnehmen, ein weiteres Mal. So wird zum Beispiel die Welt in einem Flugsimulator auf eine Teilwelt vereinfacht, die alles enthält, was für das Fliegen von Belang ist – aber auch nicht mehr. Alle physikalischen Gesetze und Parameter entsprechen soweit technisch möglich der Realität. Alles, was zum Fliegen des Flugzeugs nicht benötigt wird, zum Beispiel der Milchpreis im nächsten Supermarkt oder die Regierungsform in Bhutan, ist in dieser Simulation nicht enthalten.

Trotz der Reduktion der Realität auf das Nötige ist der Rechenaufwand für Simulationen sehr hoch. Das macht den Einsatz von KI, die große Datenmengen bewältigt und nutzbar macht, für Simulationen so wertvoll. Hier einige Beispiele für die Wirksamkeit von KI.

- Von Google DeepMind stammt das Wetter-Vorhersagemodell *GraphCast*. Anders als klassische Modelle setzt das neuronale Netz die aktuellen Messwerte nicht in physikalische Gleichungen ein, sondern trifft seine Vorhersagen aufgrund des Abgleichs mit den Wetterdaten von 1979 bis 2017, mit denen es trainiert wurde. Mit diesem KI-Modell dauert die Berechnung des zukünftigen Wetters nur noch eine knappe Minute statt mehrerer Stunden, und die Prognosen sind genauer als die der konventionellen Wetter-Vorhersagemodelle. Damit ist auch die seit Jahrzehnten geltende „Zwei-Wochen-Regel" überholt. Vorhersagen können also deutlich längere Zeiträume verlässlich abbilden.
- Das Chemnitzer Endoprothetik-Zentrum entwickelte 2023 gemeinsam mit der dortigen Technischen Universität den Hüftimplantat-Pfannenfräs-Simulator (HIPS), mit dem Ärzte das Einsetzen von künstlichen Hüftgelenken üben können. Dank VR-Brille und haptischen Rückkopplungen erfahren die Operateure die Sinneswahrnehmungen, die sie während einer realen Operation erleben würden. Sogar die Möglichkeit unterschiedlicher Knochendichten wird berücksichtigt.
- 2013 ging der Chemie-Nobelpreis an Martin Karplus, Michael Levitt und Arieh Warshel. Die drei Chemiker hatten ein Computermodell entwickelt,

mit dessen Hilfe sich voraussagen lässt, ob und wie Moleküle miteinander reagieren. Für Materialwissenschaft, Pharmaforschung und viele weitere Bereiche in Wirtschaft und Wissenschaft ist ihre Arbeit von größter Bedeutung. Denn schon die quantenmechanischen Wechselwirkungen innerhalb eines einzigen Helium-Atoms lassen sich selbst mit den leistungsstärksten digitalen Rechnern nicht vollständig erfassen. Karplus, Levitt und Warshel schafften es, ihr Modell so weit zu vereinfachen, dass es auf der einen Seite nicht die Leistungsfähigkeit der Rechner sprengt, auf der anderen Seite aber auch zu korrekten Ergebnissen führt. Der Rechenaufwand der Simulationen ist immer noch so hoch, dass sich zum Beispiel der Chemie-Riese BASF in Ludwigshafen seit 2017 einen Supercomputer („Quriosity") leistet, mit dem die Berechnungszeit von Moleküleigenschaften, die zuvor etwa ein Jahr umfasste, auf wenige Tage schrumpfte. 2023 wurde die Rechenleistung von Quriosity von 1,7 Petaflops auf 3 Petaflops aufgerüstet. CTO Melanie Maas-Brunner sagte dazu:

> „Die Komplexität der Modellierungen, virtueller Experimente und Simulationen nimmt stetig zu, und dafür braucht es mehr Rechenleistung."

Vom Menschen simulierte Umgebungen sind in der Regel nicht darauf angelegt, dass wir uns auf Dauer in ihnen aufhalten. Der angehende Pilot lernt im Flugsimulator und kehrt abends nach Hause zurück. Der Arzt trainiert Operationen, um sie später in der realen Welt sicher ausführen zu können. Begrifflich ungenau werden solche Simulationen manchmal als virtuelle Welten bezeichnet. Doch ein virtuelles Cockpit und ein virtueller Operationssaal haben nicht den Anspruch, eine ganze Welt abzubilden.

Anders ist das mit den Metaversen der Zukunft. Eines von ihnen wird von der US-amerikanischen Firma Meta (Facebook) aufgebaut. In dieser VR-Erlebniswelt können sich Nutzer heute schon in Form von Avataren begegnen, miteinander kommunizieren, arbeiten, einkaufen, Musik hören, Konzerte besuchen, Geld anlegen und vieles mehr. Das erklärte Ziel von Meta ist es, mit seinem Metaversum das *gesamte* Leben abzubilden – eine Art SIMS auf Steroiden.

Neben Meta sprangen auch andere Anbieter auf den Metaversumszug auf.

- Microsoft bietet mit *Mesh* eine Welt, in der Menschen in virtuellen Räumen miteinander kommunizieren und arbeiten. Wenn sie schon mit einer VR-Brille ausgestattet sind, erfahren Nutzer besonders plastisch eine Mixed-Reality-Welt, in der sie zum Beispiel an Schulungen teilnehmen oder interaktiv die Wartung und Reparatur von Maschinen trainieren können. Auch hier ist eine Erweiterung zu einem Metaversum geplant, das möglichst alle Lebensbereiche der Nutzer abdeckt.

- Nvidia arbeitet an einer offenen Metaversumsplattform namens *Omniverse*, in der Industriekunden digitale Zwillinge ihrer Produkte und Produktionsprozesse erstellen und durch Funktionsprüfungen deren Materialverbrauch beziehungsweise Effizienz optimieren. Dabei wird auch maschinelles Lernen eingesetzt. In der Anlagentechnik erlauben die virtuellen Abbilder Energie- und damit auch Kosteneinsparungen. Dass auch *Omniverse* einmal den Bereich Wirtschaft und Arbeit verlassen und sein Angebot auf andere Lebensbereiche ausweiten soll, verrät die Nvidia-Webseite: „Weltsimulation in großem Maßstab" heißt es dort.
- *Xcelerator* von Siemens ist eine auf KI und digitale Zwillinge spezialisierte Plattform, die die Verbindung von virtueller und realer Welt vereinfachen soll. Nvidia und Siemens arbeiten daran, ihre virtuellen Industrieökosysteme zusammenzuführen. Im *Xcelerator* fand unter anderem die komplette Planung der 2022 in Nanjing eröffneten Digital Native Factory statt, zu der ein Siemens-Forschungs- und Produktionszentrum und auch eine Produktionsanlage für CNC-Systeme, Antriebe und Motoren gehören. Böse Überraschungen beim Bau gab es nicht, die Kosten blieben unter den Erwartungen. Zu den externen Kunden gehört die Stadt Berlin. Dort ist mit der CO_2-neutralen Siemensstadt Square ein komplettes Quartier in Planung und teils schon im Bau, in dem 35.000 Menschen wohnen und arbeiten werden.

Nicht nur Unternehmen und Kommunen, auch ganze Nationen beteiligen sich an dem Wettlauf um zugkräftige Paralleluniversen mit möglichst vielen Angeboten und Nutzern. Die Vereinigten Arabischen Emirate treiben ihre *Dubai Metaverse Strategy* voran, das unter anderem auf Blockchain-Technologie und KI basiert. China will 2030 Anbieter des weltweit führenden Metaversums sein. Ende 2021 stellte der Internetkonzern Baidu mit *Xirang*, dem „Land der Hoffnung", einen ersten Vorläufer online.

Die Erschaffung von computersimulierten Parallelwelten, an denen mit Hochdruck gearbeitet wird, läutet eine ganz neue Nutzung des Internets ein.

- Das Web 1.0 stellte seinen Nutzern ab den 1990er-Jahren Webseiten mit festgelegten Inhalten zur Verfügung. Die Informationen mussten von Experten hochgeladen werden, die Kommunikation verlief einseitig vom Sender zum Empfänger.

- Ab etwa 2005 brach das Zeitalter des Web 2.0 an, in dem private und kommerzielle User Inhalte erstellen, kommentieren und teilen. Die Nutzung verlagerte sich vom heimischen Computer zu mobilen Geräten, statt lokaler Speicher wird zunehmend die Cloud genutzt. Große Tech-Konzerne stellen Server und Plattformen zur Verfügung, bezahlt wird zum großen Teil mit Daten. Dies ist die Web-Umgebung, die uns Mitte der 2020er-Jahre vertraut ist.
- Über das Web 3.0 der Zukunft wird spekuliert, dass die Nutzer über eine Blockchain-Technologie die Kontrolle über ihre Daten und Aktivitäten erlangen. Dieses Netz wäre dezentraler, und die Transaktionen würden über Tokens abgewickelt, die als digitale Vermögenswerte dienen.
- Für das postulierte Web 4.0 stellen Mega-Konzerne komplette virtuelle Ökosysteme zur Verfügung, in denen den Nutzern Full-body-Aktivitäten und -Erfahrungen geboten werden. Es wird auch als „Smart Web" oder „Symbiotic Web" bezeichnet. In dieser VR-Welt wird die erhoffte Freiheit nicht kommen.

Während viele potenzielle Nutzer noch skeptisch sind, ob sich Metaversen durchsetzen werden, hat der Finanzdienst Bloomberg Intelligence wenig Zweifel daran. Für das Jahr 2030 erwartet er einen Umsatz von 800 Mrd. US-Dollar. Mark Zuckerberg erntete von Kritikern Hohn und Spott, als Mitte 2023 bekannt wurde, dass seine Firma Meta bis dahin 40 Mrd. US-Dollar in sein Metaversumsprojekt investiert hatte. Damals sagte er zu skeptischen Analysten:

> „Dies ist eine sehr langfristige Wette. Ich kann Ihnen nicht garantieren, dass ich mit dieser Wette richtig liege. Ich glaube aber, dass dies die Richtung ist, in die sich die Welt entwickelt."

Noch sind die Metaversen für die Massen wenig attraktiv. Wenn aber die technischen Herausforderungen gemeistert werden, finden Nutzer in den Metaversen eine umfassende Realität vor. Sie müssen keine einzelnen Plattformen mehr aufsuchen, um Kontakte zu pflegen, zu lernen, Geld zu überweisen, Bilder zu posten usw. Sie werden frei zwischen den Standorten einzelner Anbieter im Metaversum wechseln. Alles geschieht innerhalb dieser neuen Welten. Eventuell wird am Ende sogar eine einzige virtuelle Welt unsere reale Welt abbilden. Die Frage ist, welches der Metaversen sich am Ende alle anderen einverleibt haben wird.

Gott auf Erden

Nicht nur die Simulationen aus Industrie und Arbeitswelt mit ihren digitalen Zwillingen, Lernorten und Meetings ziehen Nutzer in die Metaversen. Auch Computerspiele erweisen sich als Einfallstor in das Web 4.0. Sam Altman, Mitgründer von OpenAI, twitterte im April 2024 auf X:

> „Filme werden zu Videospielen, und Videospiele werden zu etwas unvorstellbar Besserem."

Gaming ist ein riesiger und weiterhin stark wachsender Markt. 3,2 Mrd. Menschen spielten 2022 weltweit regelmäßig – übrigens fast genauso viele Frauen wie Männer. 2023 lag der Umsatz weltweit bei etwa 188 Mrd. US-Dollar, für 2026 werden über 200 Mrd. US-Dollar prognostiziert. Ein guter Teil dieser Summen wird über zunächst kostenfreie Spiele generiert (*Free to play*, F2P), in denen verschiedene Zusatzinhalte wie Lootboxen, Ausrüstungen und Extra-Leben zugekauft werden können (*Pay to win*, P2W). Es haben sich bereits einige virtuelle Ökosysteme herausgebildet, darunter Xbox, Playstation, Steam und Nintendo.

Der chinesische Internet-Konzern Tencent, der unter anderem kostenlose Online-Meetings mit bis zu 300 Teilnehmern anbietet, ist ein Beispiel dafür, dass sich die Grenzen zwischen Anwendungen in der Wirtschaft und in der Spielewelt verwischen. 2012 kaufte sich Tencent mit 330 Mio. US-Dollar bei dem US-amerikanischen Spiele-Entwickler Epic Games ein. Damit besaß Tencent 48,4 % der ausgegebenen Aktien (aktuelle Schätzungen liegen bei 35–40 %) dieses mächtigen Anbieters, zu dem unter anderem das extrem erfolgreiche Fortnite gehört. Das Potenzial der über 650 Mio. Fortnite-Spieler (2025) lockte weitere Investoren an. 2020 investierte Sony 250 Mio. US-Dollar in Epic Games. Weil sich der Marktwert des Spieleentwicklers in der Zwischenzeit vervielfacht hatte, bekam der japanische Elektronikkonzern für diese Summe nur noch 1,4 % der Anteile. Zwei Jahre später legte Sony noch einmal mit 1 Mrd. US-Dollar nach und ist heute mit 5 % an Epic Games beteiligt. Der dänische Spielwaren-Hersteller LEGO investierte zeitgleich ebenfalls 1 Mrd. US-Dollar mit dem Ziel, zusammen mit Epic Games ein familien- und kinderfreundliches Metaversum zu schaffen. 2024 kam LEGO Fortnite auf dem Markt. 2024 zog der Disney-Konzern nach und stieg mit 1,5 Mrd. US-Dollar ein, damit die Figuren aus der Disney-Welt, zu der auch die Töchter Marvel, Pixar und Star Wars gehören, Teil des Epic-Entertainment-Universums werden.

Über das Gaming und die Unterhaltungsbranche haben Tencent, Sony, Disney und LEGO nun eine Basis für ein eigenes, allumfassendes Metaversum geschaffen. Anders als zum Beispiel das Metaversum von Meta, das seine Nutzer von Facebook und anderen Plattformen erst noch in seine VR-Welt hineinlocken muss, sind die Avatare der Epic-Nutzer – in neueren Versionen sind sie fotorealistisch und heißen MetaHumans – längst in der virtuellen Realität beheimatet.

Warum investieren Tech- und Unterhaltungskonzerne enorme Geldmengen in zukünftige Metaversen? Es geht natürlich um mehr als das einträgliche Geschäft mit Spiele-Abos und Extras, die Gamer kaufen können, um das nächste Level zu erreichen. Dafür gibt es bei Fortnite beispielsweise die virtuelle Währung „V-Bucs“, die mit realem Geld erworben wird. Wenn ein Metaversum die reale Welt (oder besser gesagt: die Welt, die unsere Sinnesorgane als real wahrnehmen) kopiert, und dort Transaktionen aller Art, vom Handel bis zur Prostitution, vom Grundstückskauf bis zum Lernen im virtuellen Hörsaal, ausgeführt werden, winken Marktmacht und gigantische Gewinne. Schon 2016 sagte Tim Sweeney, Gründer und CEO von Epic Games, auf dem *Virtual-Reality*-Kongress in San Francisco:

> „Dieses Metaversum wird viel allgegenwärtiger und mächtiger sein als alles andere. Wenn ein zentrales Unternehmen die Kontrolle darüber gewinnt, wird es mächtiger als jede Regierung und ein Gott auf Erden sein.“

Auf dem Weg dorthin müssen die Anbieter einige Durststrecken überstehen. Auch die größten unter ihnen könnten in die Knie gehen, bevor sie ihr Ziel erreichen. Einige Entlassungswellen scheinen die negativen Einschätzungen der Metaversumskritiker zu bestätigen. Doch wie Zuckerberg schon sagte: Bei der Erschaffung eines Metaversums handelt es sich um eine langfristige Wette. Die technischen Probleme werden wohl lösbar sein, zumal den Anbietern enorme Gewinne winken. Die eigentlichen Fragen lauten:

- Werden Menschen ihre Aktivitäten wirklich umfassend aus der realen in die virtuelle Welt verlagern?
- Welche Unternehmen und welche Maschinen werden die virtuelle Welt kontrollieren?
- Inwieweit werden die Metaversen mit der Realität übereinstimmen, die wir kennen?
- Wie verändern wir uns als Menschen körperlich und mental, wenn wir substanziell Zeit in Metaversen verbringen?

Unwiderstehliche Magnete

Der US-amerikanische Psychologe Robert Nozick stellte 1974 ein Gedankenexperiment vor, das die Gehirn-im-Tank-Story von einer ungewöhnlichen Seite her betrachtet. Er fragte sich: Würden Menschen sich freiwillig dafür entscheiden, ihr Leben in einer „Erlebnismaschine" zu verbringen? Diese Maschine stellte er sich als ein Becken vor, in dem die Wahrnehmungen der Versuchsperson durch an ihr Gehirn angeschlossene Elektroden nach Belieben manipuliert werden können. Nozick schreibt:

> „Alle Dinge, die Sie erleben, wären vollkommen realistisch und durch nichts von der Wirklichkeit zu unterscheiden. Sie können aus einem riesigen Erlebniskatalog auswählen und die eigenen Erlebnisse etwa für die nächsten zwei Jahre festlegen. Danach kommen Sie für eine gewisse Zeit aus dem Becken heraus und suchen sich ihre Erlebnisse für die nächsten zwei Jahre aus."

Nozick war der Meinung, dass eine Entscheidung für den Tank einem Selbstmord gleichkommt. Für ihn gehört es zum Mensch-Sein dazu, das echte Leben zu wählen, weil das reale Handeln und Erleben einen intrinsischen Wert besitzt und in uns der Wusch angelegt ist, selbstbestimmt zu leben. Offenbar hat Nozick das Bedürfnis der Menschen nach einem Leben in der Realität überschätzt. Denn schon jetzt verbringen Menschen den größten Teil ihrer wachen Zeit an Bildschirmen, die ihnen nur Abbilder der Realität zeigen. Ob TikTok oder Telegram, Gaming oder Bildschirm-Arbeit, Sprach-App oder online-Shopping, lustige Katzenvideos oder klassisches Fernsehen – mit einem Bildschirm vor Augen verlassen wir mental die physische Welt und treten in virtuelle Welten ein.

Die Zahlen des „Global Overview Report 2025" von DataReportal sind erstaunlich hoch. Jeder Mensch, der weltweit das Internet nutzt, ist täglich 6:38 Stunden online, nur ein kleiner Teil davon hat einen Bezug zur Erwerbsarbeit. Eine Umfrage im Auftrag der Postbank von 2023 nennt für Deutschland sogar noch höhere Zahlen. Hier wurde die Online-Nutzung abgefragt, die Stunden vor dem Fernseher sind also nicht mitgezählt. Diese Studie kommt auf 71 Stunden Bildschirmzeit pro Woche, also knapp über 10 Stunden pro Tag. Wenn man eine Schlafphase von 7 Stunden am Tag annimmt, entsprechen 71 Stunden 60 % der wachen Zeit. 18- bis 39-Jährige sind sogar 93 Stunden pro Woche online, also 78 % der Zeit, in der sie nicht schlafen.

Die genannten Werte für die vor Bildschirmen verbrachten Zeiten beziehen sich auf das heutige Web 2.0. Dank KI werden die Metaversen der Zukunft unsere Bedürfnisse noch individueller befriedigen und damit auch den

Sog verstärken, der uns in virtuelle Welten zieht. Am Ende könnten wir ganz in die Metaversen abtauchen. Denn:

1. Metaversen bieten die totale Immersion,
2. Metaversen sind täuschend echt,
3. Metaversen sind nie langweilig.

1. Metaversen bieten die totale Immersion

Immersion ist das Eintauchen des menschlichen Bewusstseins in eine virtuelle Welt. Sie ist seit jeher Teil der menschlichen Kultur. Über viele Jahrhunderte wurden „Ilias" und „Odyssee" mündlich weitererzählt. Menschen hörten den Sängern zu, ließen sich in ihrer Fantasie nach Troja entführen, erlebten die Irrfahrten des Odysseus mit. Auch wer Bücher liest, ins Theater geht oder Filme anschaut, blendet die Realität vorübergehend aus und lässt sich auf andere Welten ein. Die Fähigkeit, sich als Leser, Zuhörer oder Zuschauer in das Gezeigte und Beschriebene hineinzuversetzen, bezieht sich auf die *mentale* Immersion.

Die virtuelle Realität des Web 4.0 geht den entscheidenden Schritt weiter. Sie ermöglicht die *physische* Immersion. Wir bewegen uns nicht mehr nur mit unserer Vorstellungskraft in virtuellen Räumen, auch unser Körpergefühl verschmilzt mit ihnen. Chris Milk, Gründer der US-amerikanischen VR-Firma Within (vormals VRSE), erklärte die große Macht der vollständigen Immersion damit, dass das menschliche Bewusstsein die Erlebnisse nicht mehr wie bei den klassischen Medien aus der realen, äußeren Welt „nach innen" holen muss:

> „Aber in der VR […] verinnerlichst du nicht. Du bist intern darin. Es ist ein Quantensprung in den Medien, weil das Medium verschwindet."

Wie leicht unser Gehirn dazu gebracht werden kann, das Körperbewusstsein auf einen Avatar zu übertragen, zeigt der Gummihand-Versuch. In dem 1998 von den US-amerikanischen Kognitionsforschern Matthew Botvinick und Jonathan Cohen vorgestellten Experiment sitzt die Versuchsperson an einem Tisch, einer ihrer Unterarme liegt der Tischplatte auf, ist allerdings durch ein Tuch von den Blicken der Versuchsperson abgeschirmt. Eine künstliche Hand wird nun so abgelegt, dass die Versuchsperson auf den ersten Blick meinen könnte, es handele sich um ihre echte Hand (Abb. 5.1, links). Nun streichelt der Versuchsleiter mit einem Pinsel gleichzeitig die verborgene echte Hand und auch die künstliche Hand. Kognitiv weiß die Versuchsperson sehr gut, dass die falsche Hand nicht zu ihrem Körper gehört. Trotzdem überträgt das Gehirn das Gefühl der Berührung auf die sichtbare Gummihand. Das

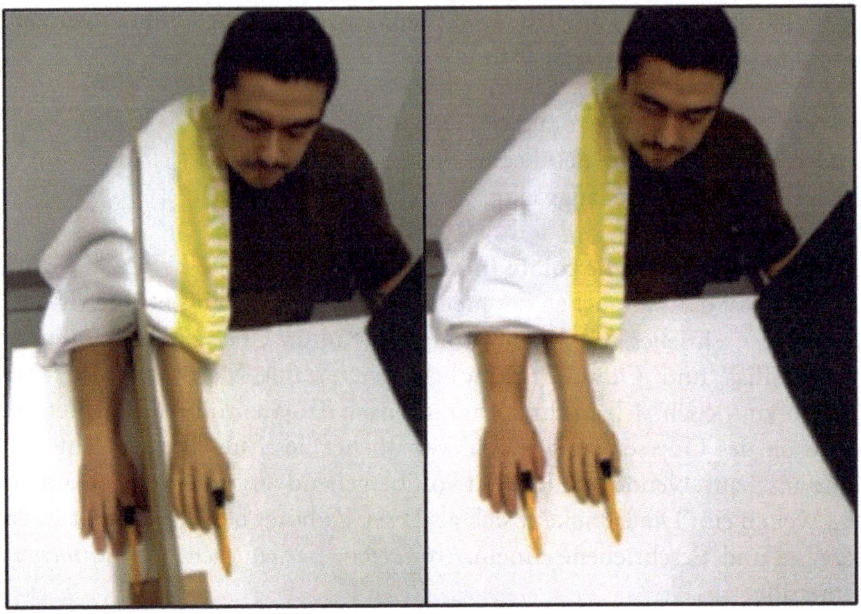

Abb. 5.1 Gummihand-Versuch. Links: Der Blick der Versuchsperson auf die echte rechte Hand ist versperrt. Rechts: Die Versuchsperson kann ihre rechte Hand und auch die Gummihand sehen. In beiden Fällen funktioniert die Übertragung des Körpergefühls auf die künstliche Hand. (Aus: Arvid Guterstam et al., The Illusion of Owning a Third Arm, in: *PLOS one*, 2011)

funktioniert sogar auch dann, wenn die künstliche Hand nur eine sehr grobe Nachbildung einer menschlichen Hand ist; ein ausgestopfter Handschuh reicht für dieses Experiment aus. Dass das Bewusstsein die falsche Hand „adoptiert" hat, zeigt die Reaktion der Versuchsperson, wenn über der Gummihand ein Hammer geschwungen wird. Rationalität hilft nicht: Sie zuckt unwillkürlich zurück.

Mit solchen Manipulationen lassen sich sogar noch abwegigere Empfindungen herbeiführen. Wenn zum Beispiel sowohl die echte als auch die Gummihand sichtbar sind (Abb. 5.1, rechts), löst das Gehirn den auftretenden Wahrnehmungskonflikt, indem es beide Hände als zum Körper gehörend einstuft. Der Proband entwickelt also das Gefühl, insgesamt drei Hände zu besitzen. Sogar die Übertragung des Körpergefühls für die eigene Hand auf einen als extrem wichtig eingestuften Gegenstand ist möglich: Wird anstatt einer künstlichen Hand das eigene Smartphone auf den Tisch gelegt und zeitgleich mit der realen Hand gestreichelt, kann es als zum Körper gehörend eingestuft werden. Mit einer Computermaus oder einem Spielzeug-Handy aus Holz funktioniert die Integration in das eigene Körperschema allerdings nicht.

Nicht nur das Gefühl für Körperteile, auch das für den gesamten Körper überträgt ein getäuschtes Gehirn auf einen anderen Körper. Dazu wird die Versuchsperson von hinten gefilmt und das Bild in eine VR-Brille eingespielt. Nun sieht die Person sich selbst ein paar Schritte vor sich stehen. Wird sie nun vom Versuchsleiter am Rücken gestreichelt, registriert sie diese Empfindung an ihrem realen Körper, sieht aber gleichzeitig auch ihren virtuellen Zwilling vor sich, der gestreichelt wird. Der Effekt: Ihr Gehirn signalisiert, dass der Körper, den sie vor sich sieht, zu ihrem eigenen Körper gehört.

Wir haben also kein Problem damit, den virtuellen Körper eines Avatars als zu unserem realen Körper gehörend wahrzunehmen und mit ihm in alternative Welten einzutauchen. Wenn die virtuelle Welt eine hohe Immersion erlaubt, schlüpfen wir nicht nur in die Rolle unseres Avatars, wir *sind* der Avatar.

2. Metaversen sind täuschend echt

Wie muss eine virtuelle Welt beschaffen sein, damit wir uns in ihr verlieren können? Zum einen müssen die Abläufe ruckelfrei sein und die Darstellungen eine hohe Detailgenauigkeit ausweisen. Bislang mangelt es noch an der benötigten Rechenleistung, um eine ganze Welt so realistisch wie einen hochauflösenden Film zu gestalten. Auch dass Millionen, vielleicht sogar Milliarden Menschen überall auf der Welt gleichzeitig in Echtzeit in einem Metaversum aktiv sein werden, stellt an die Rechenleistung große Anforderungen.

Eine weitere Voraussetzung ist, dass die Sensorik stimmt. Alle Sinne tragen dazu bei, die Täuschung als „echt" wahrzunehmen. Es gibt keine Gehirnfunktion, die sich alarmiert zeigt, wenn das, was die Sinne wahrnehmen, manipuliert wurde. Wie auch? Denn genau so funktioniert unser Gehirn ja auch in der realen Welt: Evolutionsbedingt verarbeitet es alle Informationen, die ihm geboten werden. Die Entwicklung von Hard- und Software, die unsere Sinne mit immer ausgeklügelteren virtuellen Signalen versorgen, schreitet mit großen Schritten voran.

- **Optisch**: VR-Brillen blenden die reale Welt aus und lassen uns sehen, was unser Avatar „sieht". Noch sind die Brillen groß und lästig, viele Anwender berichten von Kopfschmerzen und Schwindelgefühlen. Doch diese Anfangsprobleme werden überwunden werden. Zum einen werden sich zukünftige VR-Brillen kaum von normalen Lesebrillen unterscheiden. Zum anderen wird ein Gewöhnungseffekt eintreten. Als die Brüder Auguste und Louis Lumière 1895/96 den einminütigen Film *„Die Ankunft eines Zuges auf dem Bahnhof in La Ciotat"* aufführten, sollen manche Zuschauer entsetzt aufgesprungen sein, weil sie fürchteten, vom Zug überrollt zu werden. Heute kommt kein Actionfilm mehr ohne rasante Kamerafahrten aus.

- **Taktil**: Sensoren an Kopf, Rumpf, Händen und Füßen ermöglichen Nutzern Full-Body-Erlebnisse. Equipments, mit denen zum Beispiel bei Shooting-Spielen der Rückstoß der Waffen, wenn auch abgemildert, spürbar ist, sind längst auf dem Markt. Gleichzeitig dienen Körpersensoren dazu, die Bewegungen der realen Person in Echtzeit auf ihren Avatar zu übertragen. Das Zusammenspiel mit der VR-Optik ist eine entscheidende Voraussetzung für Immersion. Wenn ein Nutzer seine Hand vors Gesicht hebt, muss in der VR-Brille die virtuelle Hand sichtbar werden. Bewegungen des Kopfes werden schon länger adäquat in die virtuelle Spielewelt übertragen.
- **Auditiv**: Mit Richtungshören erfassen Nutzer nicht nur, ob ein Geräusch von rechts oder links, vorne oder hinten kommt, sondern auch, wo sich die Quelle in der Tiefe des Raumes befindet. Einige Anwendungen arbeiten bereits mit dieser Technik. So wird es zum Beispiel möglich, in virtuellen Meetings mit vielen Teilnehmern die sprechenden Personen über den Hörsinn zu lokalisieren. Der Hörsinn ist beim Menschen wichtiger als man denkt, um ein echtes Raumgefühl zu erzeugen.
- **Olfaktorisch**: In die künstliche Erlebniswelt können auch Gerüche integriert werden. Headsets mit integrierten Geruchsgeneratoren, sogenannten olfaktorischen Displays, sind in Entwicklung. Von einer Tauglichkeit für den Massenmarkt sind sie allerdings noch weit entfernt. Der Geruchssinn gilt als der komplexeste chemische Sinn des Menschen.

Je nach Anwendung kann die Sensorik so eingestellt werden, dass sie unseren natürlichen Sinnen und Fähigkeiten überlegen ist. „Larger than life" bekommt so eine neue Bedeutung: Indem Metaversen hyperrealistische Umgebungen und hypersensitive Wahrnehmungen bieten und dazu übermenschliche Leistungen ermöglichen, übertreffen sie die reale Welt.

3. Metaversen sind nie langweilig

Metaversen werden dem Gehirn stetes Wohlgefühl bieten. Das bedeutet nicht, dass sich in ihnen eine positive Erfahrung an die nächste reiht. Denn eine lückenlose Abfolge hedonistischer Glücksmomente – der Avatar schießt entscheidende Tore, zwingt mächtige Gegner in die Knie, findet umgehend sexuelle Erfüllung, findet innerhalb von Sekunden das perfekte T-Shirt, reist ohne große Anstrengung in entfernteste Länder usw. – wäre schnell langweilig.

Die KI der Metaversen wird klüger sein. Erst Kontrasterfahrungen machen Siege und Erfolge zum Genuss. Die Gaming-Branche hat in den vergangenen Jahrzehnten viele Erfahrungen gesammelt, wie Nutzer mit einem ausgeklügelten System an Herausforderungen, Belohnungen, Überraschungen, Gratis-Spielrunden und vielem mehr davon abgehalten werden können, die Spielwelten wieder zu verlassen. Auch in Metaversen wird der Trick darin liegen, individuell die perfekte *game balance* zu finden.

2024 stellten die beiden Harvard-Forscherinnen Alice Cai und Elena Glassman sowie der Kanadier Ian Arawjo ihre Idee einer antagonistischen KI in einer Studie vor. Statt eine sykophantische, also „kriecherische" KI zu trainieren, die alle Wünsche möglichst umgehend erfüllt, wollen sie eine KI, die Menschen fordert und fördert. Alice Cai sagte dazu:

> „Wir sind mit der Annahme in dieses Projekt gegangen, dass antagonistische Interaktionen mit [KI-]Technologie den Menschen wirklich helfen könnten – indem sie herausfordern, Belastbarkeit trainieren und für seelische Erleichterung [im Original: *catharsis*] sorgen."

Eine zukünftige antagonistische KI liefert den Metaversumsbewohnern maßgeschneiderte Kontrasterfahrungen, die das Vergnügen und die Glücksgefühle optimieren. Die von der KI aufgestellten Hürden werden ihnen gerade so viel abverlangen, dass sie das Metaversum nicht enttäuscht verlassen, sondern die Hürden mit einem wohldosierten Maß an Anstrengung (und eventuell durch Zahlung eines gewissen Betrages) überwinden können. So werden die Erfolgserlebnisse intensiver und strahlender.

In Lernwelten wird dieses Prinzip manchmal angewendet. Die Lernenden müssen es zum Beispiel aushalten, einen bestimmten Prozentsatz der abgefragten Vokabeln nicht zu wissen – nur so erweitern sie ihren Wortschatz. Warum nicht auch Einkaufserlebnisse im Metaversum so gestalten, dass die gewünschte Ware nicht einfach gekauft werden kann, sondern erkämpft werden muss? Schon heute setzen Anbieter darauf, ihre Kunden herauszufordern, zum Beispiel durch künstliche Verknappung. Denn starke Erlebnisse erhöhen signifikant die Treue der Kunden zu den Marken und die Bereitschaft, hohe Preise zu bezahlen. Sogar in den Arbeitswelten des Metaversums könnte eine antagonistische KI, die exakt auf das Individuum abgestimmte Herausforderungen generiert, zu einer erhöhten Performance der Nutzer führen. Hier drängt sich die Frage auf, für wen diese individuell abgestimmte Herausforderung von Nutzen sein wird.

Trolle im Paradies

Wenn schon heutige VR-Räume süchtig machen können und in Nutzern den starken Wunsch auslösen, in ihnen zu bleiben, welchen Effekt werden dann erst Metaversen auslösen! In perfekten VR-Welten sind wir vor den Zumutungen des realen Lebens geschützt, und die von KI individuell unseren Sinnesorganen zur Verfügung gestellten Signale lösen in uns genau die Empfindungen aus, nach denen wir uns am meisten sehnen. Aber werden wir am Ende nicht doch davor zurückschrecken, uns mit Haut und Haar einer virtuellen Welt zu verschreiben? Hatte Nozick 1974 vielleicht doch recht gehabt?

Bei seinem Gedankenexperiment werden Menschen in einem bestimmten Moment gefragt: im Tank glücklich werden oder in der Realität bleiben? Ähnlich ist es in dem „*Matrix*"-Film, in dem Neo zwei Pillen angeboten werden. Eine rote, die ihn in die reale Welt eintreten lässt, und eine blaue, mit der er in der angenehmeren virtuellen Welt bleiben könnte. Neo wählt die rote Pille, also die Realität. Vielleicht würden wir tatsächlich dieselbe Wahl wie Neo treffen. Doch die Sache hat für uns einen Haken: Es wird keinen Moment der Entscheidung geben, sondern nur ein allmähliches Hineingleiten in die virtuelle Welt. Wir werden nicht erkennen, wann genau wir uns nicht mehr in der Realität zu Hause fühlen, sondern in der VR-Welt heimisch geworden sind. Ähnlich war es ja schon mit dem Web 2.0. Hätte man 1995 Menschen gefragt, ob sie später einmal im Privat- und im Arbeitsleben sechs oder zehn Stunden am Tag auf Bildschirme starren wollen, wäre allein die Vorstellung absurd gewesen. Doch Mitte der 2020er-Jahre ist genau das eingetreten, was zuvor undenkbar war.

Wir werden der Versuchung nicht widerstehen können, dorthin zu gehen, wo die neuronalen Belohnungsrezeptoren unseres Gehirns am effektivsten stimuliert werden. Die KI der Metaversen wird uns glücklich machen. Doch das bedeutet nicht, dass ihre virtuellen Welten ohne Gefahr sind. Denn zu ihren Bewohnern gehören auch Trolle, deren Avatare die virtuellen Räume zur Hölle machen.

Ende 2021 berichtete die Britin Nina Jane Patel im US-Sender NBC, wie sie zum ersten Mal mit ihrem Avatar (Abb. 5.2) in Metas *Horizon Worlds* eintrat und umgehend von einer Gruppe männlicher Avatare belästigt und berührt wurde. Sie wollte ausweichen, doch die anderen Avatare verfolgten sie, machten Screenshots ihrer Fluchtversuche und griffen sie auch verbal an. In ihrem Blogbeitrag „Fiction vs. Non-Fiction" auf medium.com schrieb sie:

> „Ich erstarrte. Es war surreal. Es war ein Alptraum."

Abb. 5.2 Der Avatar von Nina Jane Patel. (Mit freundlicher Genehmigung von Nina Jane Patel.)

Nur durch das Abnehmen ihrer VR-Brille entkam sie der Situation. Auch ohne einen Ganzkörper-Haptikanzug hatte Patel dieses Geschehen wie am eigenen Leib erfahren. In ihrem Blog analysiert sie, was mit ihr passiert war:

> „Virtuelle Realität ist im Wesentlichen so konzipiert, dass Geist und Körper virtuelle/digitale Erlebnisse nicht von realen unterscheiden können. Meine physiologische und psychologische Reaktion war in gewisser Weise so, als ob es in der Realität passiert wäre."

Schon im „statischen" Web 1.0 war Pornografie ein wesentlicher Treiber. Das Web 2.0 ermöglichte gemeinschaftliche Aktionen mit sexuellem Hintergrund – von der Zielperson gewollt und auch ungewollt. Im Web 4.0 wird sich sexualisierte Gewalt – von verbalen Belästigungen bis zu Gruppenvergewaltigungen – sehr realer anfühlen. Eine zuschaltbare *safe zone* um den eigenen Avatar herum, die nur eingeladene Avatare überwinden können, kann zwar unerwünschte Berührungen verhindern, doch gegen entwürdigende Kommentare und Gesten gibt es noch kein Mittel.

Auch andere physische und psychische Angriffe im Metaversum werden den realen Menschen verletzen. Darf ein Avatar einen anderen Avatar töten? In einem Metaversum wird dies eine sehr viel eindrücklichere und folgenschwerere Erfahrung sein als in einem Web-2.0-Ballerspiel. Noch dramatischer ist die Lage, wenn sich Kinder in VR-Welten begeben und auf Cybermissbrauch, Cyberbelästigung und Cybermobbing stoßen. Noch sind Übergriffe in Metaversen nicht strafbar. In Südkorea verbarg sich ein über 30-jähriger Mann hinter einem jugendlichen Avatar und sprach in der VR-Welt Minderjährige an. Nur weil er die Jugendlichen dazu gebracht hatte, ihm in der realen Welt Bilder und Filme von sich zu schicken, konnte er 2022 zu einer Gefängnisstrafe verurteilt werden.

Werden Gesetze die Metaversen zu sicheren Orten machen? Der ehemalige Präsident von Google China, Kai-Fu Lee, warnte in seinem 2021 mit Chen Qiufan verfassten Buch „AI 2041 - Ten Visions for Our Future" (deutsche Übersetzung: „KI 2041 - Zehn Zukunftsvisionen", Weinheim 2022):

> „Wenn wir etwas aus den jüngsten Bedenken über die externen Effekte von sozialen Netzwerken und KI gelernt haben, sollten wir uns frühzeitig Gedanken darüber machen, wie wir die unvermeidlichen Probleme angehen, wenn sich diese externen Effekte mit XR [*eXtended Reality*] vervielfachen. Kurzfristig mag die Erweiterung von Gesetzen die zweckmäßigste Lösung sein. Längerfristig werden wir allerdings auf eine Reihe von Lösungen zurückgreifen müssen, darunter neue Vorschriften, eine umfassendere digitale Kompetenz und die Erfindung neuer Technologien, um technologische Probleme zu bewältigen."

Immer dann, wenn eine Technologie aus dem Ruder zu laufen droht, erfolgt der Ruf nach Gesetzen, technischen Lösungen und kompetenten, einsichtigen Nutzern. Doch abgesehen davon, dass niemand weiß, wie diese Forderungen umgesetzt werden könnten, greifen diese Lösungsansätze viel zu kurz. Denn nicht nur unsere Avatare müssen geschützt werden, auch unser Selbst. Der deutsche Philosoph Thomas Metzinger schreibt in seinem schon 2009 im Berlin Verlag erschienenen Buch „Der Ego-Tunnel. Eine neue Philosophie des Selbst - Von der Hirnforschung zur Bewusstseinsethik":

> „Die Möglichkeiten, sich schon bald in virtuellen Umgebungen fast wie in der realen Welt bewegen zu können, hat ungeahnte Auswirkungen für unsere Psyche und Selbstwahrnehmung."

Die virtuelle Realität der Metaversen wird unser Selbstbild stärker verändern als alle geschichtlichen Brüche zuvor. Denn wenn wir unser Bewusstsein auf einen Avatar übertragen, bleibt von unserem Selbst nicht mehr viel übrig. Unser Bewusstsein kann nur an *einem* Ort sein – entweder in der realen Welt oder in der virtuellen. Und in der virtuellen Welt werden wir zum Spielball der KI. „Was ist der Mensch?" Diese Frage ist so alt wie die Menschheit. Nun kommt eine neue Frage hinzu: „Wo soll der Mensch sein?" In der virtuellen oder in der realen Welt?

2023 wurde das Wort „NPC" in die Top Ten zur Auswahl des Jugendworts jenes Jahres gewählt. NPC ist die Abkürzung für *Non-Player-Character.* Das sind Avatare, die in heutigen Computerspielen als Sidekicks auftreten und nicht aktiv in das Spielgeschehen eingreifen oder unwichtig sind. Statt von frei agierenden Menschen werden sie vom Algorithmus gesteuert, der sie vorherbestimmte Funktionen ausüben lässt. Der Begriff NPC hat den Sprung aus der virtuellen Welt in die reale Welt geschafft, wo er abwertend auf Personen angewendet wird, die für unwichtige Mitläufer gehalten werden, von denen keine eigenmächtigen Entscheidungen zu erwarten sind. Genau das ist es, was uns erwartet: Während wir uns in Metaversen vergnügen, dort shoppen, arbeiten und Heldentaten vollbringen, verlieren wir im realen Leben unsere Autonomie und degenerieren zu *Non-Player-Characters.* Denn eine KI, die die Macht besitzt, uns in die Metaversen hineinzuziehen, kontrolliert auch in der realen Welt unser Denken, Fühlen und Erleben – und schließlich auch unseren Willen.

6

Geschaffen und geboren

Wenn Mensch und KI zu Cyborgs verschmelzen

Das vorangegangene Kapitel zeigte, dass KI uns immer umfassender in die virtuelle Welt der von ihr erzeugten Metaversen hineinziehen könnte. Aber auch eine zweite grundlegende Entwicklung wird unser Leben verändern: In der realen Welt übernehmen implantierte KI-Chips zunehmend die Funktionen unseres Körpers und unserer Psyche. Es entsteht eine symbiotische Beziehung von Mensch und Maschine, bei der bald kaum mehr unterscheidbar sein wird, wo das eine aufhört und das andere beginnt.

Was auf den ersten Blick wie ein Horrorszenario ohne Realitätsbezug zu sein scheint, ist die logische Fortführung eines uralten Menschheitstraums: das Ersetzen verloren gegangener Gliedmaßen durch künstliche Körperteile. Die älteste erhaltene Prothese trug vor knapp 3000 Jahren eine Frau in Ägypten, die mit etwa 50 Jahren starb. Dass sie dank eines künstlichen großen Zehs aus Holz und Lederriemen problemlos hatte laufen können, war eine technische Meisterleistung, denn beim Gehen lasten bis zu 40 % des Körpergewichts auf diesem Körperteil. 2500 Jahre später brachte Götz von Berlichingen, wenn er ein Schwert halten wollte, mit seiner gesunden linken Hand die Finger der künstlichen rechten Hand in Position. Die Blattfedern und Sperrklinken im Inneren der Metallhand rasteten dann in der Stellung ein, in der die Finger die Waffe umschlossen. Kunstvoll konstruierte Prothesen wie diese waren spektakuläre Ausnahmen. Denn in der Regel mussten Menschen, denen Gliedmaßen abhanden gekommen waren, ohne Ersatz oder mit einfachsten Hilfsmitteln wie Metallhaken und hölzernen Stelzfüßen zurecht-

© Der/die Autor(en), exklusiv lizenziert an Springer-Verlag GmbH, DE, ein Teil von Springer Nature 2025
L. Jaeger, A. Naji, *Künstliche Intelligenz und Mensch*,
https://doi.org/10.1007/978-3-662-72145-2_6

kommen. Bis weit ins 20. Jahrhundert hinein, in dem Millionen Menschen in zwei Weltkriegen einen oder mehrere Körperteile verloren, gab es keine grundlegende Verbesserung.

Erst die 1980er-Jahre brachten die Wende. Nun wurden künstliche Körperteile mit kleinen Elektromotoren ausgestattet, die über die Signale der Muskelzellen in den verbliebenen Arm- oder Beinstümpfen gesteuert wurden. Myoelektronische Hände können aktiv zupacken, verfügten allerdings anfangs nur über eine geringe Anzahl an voreingestellten Griffmustern. Auch in Beinprothesen konnten einfache Programme eingestellt werden, die zum Beispiel das Treppensteigen aktiv unterstützen. Da ihre Nutzer ständig bewusste Anpassungen vornehmen mussten, waren die ausgeführten Bewegungen eher ruckhaft. Erst KI-gesteuerte Prothesen erlauben ihren Nutzern intuitiv fließende Bewegungen. Zuvor hatten sie mühsam lernen müssen, ihre Prothese zu benutzen. Nun lernen die Prothesen, aus den Muskelsignalen die Intention ihrer Nutzer abzulesen.

In die 1980er-Jahre fallen auch die ersten Versuche, Prothesen direkt über die Hirnströme im motorischen Cortex des Gehirns zu steuern. Dies ist möglich, weil schon die Vorstellung davon, eine Bewegung auszuführen, im Gehirn ein bestimmtes neuronales Aktivitätsmuster erzeugt, das sich über Messfühler ablesen lässt. Weil der Umweg über die Muskelaktivierung entfällt, können auf diese Weise auch gelähmte Menschen mit peripheren Geräten in Verbindung treten. Indem sie die gewünschte Tätigkeit visualisieren, betätigen sie zum Beispiel einen Lichtschalter oder lassen einen bestimmten Buchstaben auf einem Bildschirm erscheinen. Als Maß für die Aktivität der Neuronen dient das per Elektroden gemessene Erregungspotenzial der Zellen. Aber auch der lokale Sauerstoffbedarf und der magnetische Zustand können Auskunft darüber geben, welche Bereiche des Gehirns gerade intensiv arbeiten.

Das Herzstück dieser Technik ist das *Brain-Computer-Interface* (BCI). Als Schnittstelle zwischen Mensch und künstlicher Peripherie nimmt es die neuronalen Signale des Gehirns auf und wandelt sie anhand trainierter Referenzmuster in Steuerungsbefehle um (Abb. 6.1). 2006 wurde auf der CeBIT in Hannover ein BCI mit 128 Elektroden vorgestellt. Weil das in Berlin vom dortigen Fraunhofer-Institut und der Charité gemeinsam entwickelte Gerät bereits KI-Lernalgorithmen verwendete, brauchten die mit der Elektrodenkappe versehenen Probanden jeweils nur eine 20-minütige Trainingsphase, bis sie per Gedankenkraft einen Cursor in die gewünschte Richtung bewegen konnten.

Im Prinzip genügen schon einige Dutzend Messfühler, die die Nervenzellen in dem entsprechenden Bereich des motorischen Cortex „anzapfen", um eine Handprothese mental zu steuern. Doch je mehr Messstellen im Ge-

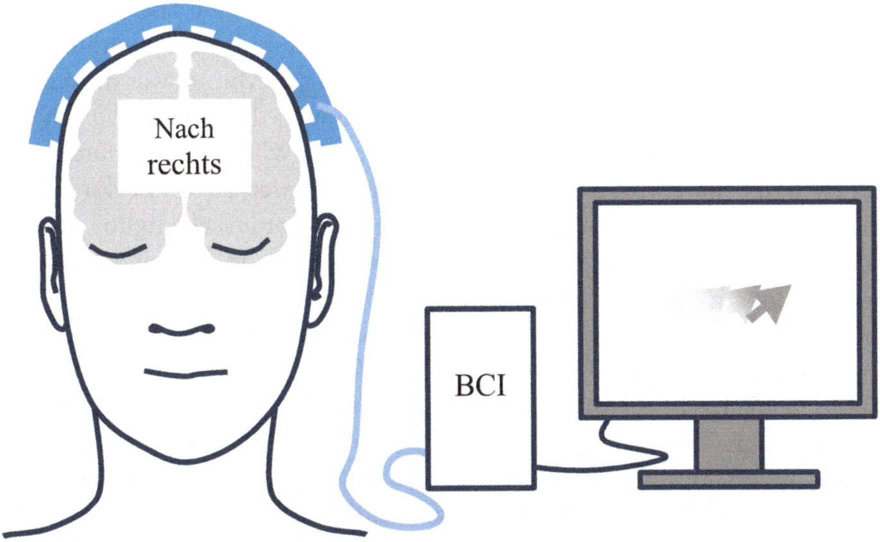

Abb. 6.1 Schematische Darstellung der Arbeitsweise eines *Brain-Computer-Interface* (BCI), das der Kommunikation dient. Die ausgelesenen Signale des Aktivierungsmusters werden zu einem Decoder geleitet, der sie in eine Bildschirmdarstellung und bei Bedarf auch in eine Sprachausgabe umrechnet. (Grafik: B. Burchardt)

hirn die Signale einzelner Neuronen abgreifen, desto zielgenauer sind die Ergebnisse. Deshalb sind BCIs mit mehreren Millionen Elektroden in Planung. Nicht-invasive Techniken stehen momentan im Fokus der Entwicklungen. Dazu gehören unter anderem auch Armbänder und Mouthpads (Touchpads für die Zunge).

In einer 2024 erschienen Studie bezifferte Tess Skyrme vom Tech-Marktforschungsunternehmen IDTechEx den Markt für BCIs auf mehr als 1,6 Mrd. US-Dollar bis 2045. Der Studie zufolge wird noch bis ca. 2035 das Interesse an nicht-invasiven Methoden in der Forschung überwiegen, bis 2045 dagegen implantierte BCIs in der tatsächlichen Anwendung führend werden.

Die verschiedenen Methoden, mit denen der durch *Amyotrophe Lateralsklerose* (ALS) fortschreitend gelähmte Physiker Stephen Hawking mit seiner Umwelt kommunizierte, zeigt die Fortschritte auf diesem Gebiet. Nachdem ihm im Jahr 1985 ein Luftröhrenschnitt seine Stimme geraubt hatte, kommunizierte er zunächst über eine Buchstabentafel. Ein Pfleger zeigte nacheinander über deren Felder und Hawking reagierte, sobald die richtige Stelle erreicht war. Ein Jahr später wurde diese sehr zeitaufwendige Methode durch einen Computer ersetzt, den Hawking über einen Sensor an seinem Daumen, später an seiner Wange steuerte. Hawking wählte Buchstaben aus, das System setzte sie zu Worten zusammen und übertrug sie in hörbare Sprache. Dank dieser Technik konnte Hawking Vorlesungen halten und Bücher veröffentlichen. Mit einer Geschwindigkeit von 15 Wörtern pro Minute war diese Methode allerdings immer noch langsam und mühsam – die normale Sprechgeschwindigkeit beträgt im Englischen weit über 100 Wörter pro Minute. Obwohl längst Alternativen zur Verfügung standen, wechselte Hawking erst 2014, als ihm die Kontrolle auch über seinen Wangenmuskel entglitt, auf ein anderes Kommunikationssystem. Nun wurden nicht mehr seine Muskelsignale, sondern über eine Elektrodenkappe seine Hirnströme abgelesen. Eine entscheidende Neuerung war auch, dass das neue Sprachprogramm eine Grundidee der heutigen KI nutzte. Weil es Worte vorschlug, die mit einiger Wahrscheinlichkeit auf das bereits Mitgeteilte folgen würden, verdoppelte sich Hawkings Geschwindigkeit der Wortbildung. Nur der Sprach-Synthesizer blieb derselbe: Der weltberühmte britische Physiker „sprach" weiterhin mit amerikanischem Tonfall. Hawking verstarb 2018. Dass die Durchbrüche auf dem Gebiet der KI-Sprachmodelle ab Ende 2022 den Anwendungen künstlicher Intelligenz einen enormen Schub verliehen, erlebte er nicht mehr.

Bionische Augen und Roboterhaut

Kurz vor Anpfiff des Eröffnungsspiels der Fußball-Weltmeisterschaft 2014 in Brasilien erhob sich der 28-jährige querschnittsgelähmte Juliano Pintos am Spielfeldrand des Stadions in Sao Paolo aus seinem Rollstuhl. An seinem Kopf befestigte Elektroden übermittelten seine Hirnsignale kabellos an das an ihm befestigte Exoskelett. Er machte ein paar Schritte an der Seitenlinie und trat gegen einen Fußball – der erste Schuss der WM 2014.

Bemerkenswert an Pintos' Schuss war auch, dass dazu nicht nur Signale von seinem Gehirn an das Exoskelett geschickt wurden. Denn um sicher laufen zu können, brauchen wir neben der optischen Rückmeldung über unsere Augen auch das Feedback von Sinneszellen, die Berührungen und unsere Lage im Raum erfassen. Ohne diese Informationen wäre unser Gang sehr unsicher, und wir würden öfter fallen. Also sammelte eine künstliche Haut an Pintos' Fußsohlen Informationen, unter anderem zum Druck, der auf diesen Körperbereich wirkte. KI wählte aus der Masse an Daten die relevanten aus und leitete Signale von der Roboterhaut an die biologische Haut an Pintos' Oberarm weiter, wo er sie in Form von Vibrationen spüren konnte. Während des Trainings hatte Pintos' Gehirn gelernt, diese Vibrationen intuitiv zu deuten. KI-gestützte BCIs vermitteln also nicht nur die Übertragung von Hirnsignalen an externe technische Komponenten, sondern können das Gehirn auch mit Signalen aus der Peripherie versorgen. Zum Beispiel erlangen Menschen mit zerstörter Netzhaut mithilfe eines im Auge implantierten BCI-Chips ihre Sehfähigkeit zumindest teilweise wieder. Eine an ein Brillengestell montierte Kamera nimmt optische Signale auf und leitet sie an eine tragbare Schnittstelle weiter. Deren KI-gestütztes Programm aktiviert drahtlos die entsprechenden Elektroden des BCI, welche wiederum die elektrischen Impulse an die mit ihnen verbundenen Zellen des gesunden Sehnervs weiterleiten. Nach heutigem Stand können Nutzer auf diese Weise grobe Umrisse wahrnehmen. Je mehr Nervenzellen im Sehnerv durch einzelne Elektroden angesteuert werden, desto exakter wird das Bild, das das Gehirn aus den erhaltenen Informationen zusammenbaut. Mittlerweile wird an Kameras gearbeitet, die direkt im Auge die Netzhaut ersetzen. Ähnlich funktionieren Sensoren, die in die Gehörschnecke (Cochlea) des Innenohrs eingesetzt werden. Dort übernehmen sie die Funktion der akustischen Sinneszellen und wandeln Schallwellen in elektrische Signale um, die über ein externes Gerät an den entsprechenden Bereich im Gehirn weitergeleitet werden. Auch KI-gesteuerte Neuroprothesen, die Menschen den Geruchs- und Geschmackssinn zurückgeben, sind denkbar. Ihre Umsetzung wäre allerdings erheblich komplexer.

BCIs schenken Menschen mit eingeschränkten Fähigkeiten einen nicht zu überschätzenden Gewinn an Lebensqualität und Selbstständigkeit und sind für die Rehabilitationsmedizin ein Segen. Was heute in Ansätzen erreicht wurde, wird bald Realität sein: Blinde können wieder sehen, Gelähmte wieder gehen. Auch die Gesellschaft profitiert von KI-gestützten High-End-Prothesen und Kommunikationssystemen, denn so binden Menschen, die zuvor abhängig und pflegebedürftig waren, weniger Fachkräfte zu ihrer Versorgung. Zudem könnten sie ihre Fähigkeiten dem ersten Arbeitsmarkt zur Verfügung stellen.

Schnittstellen im Kopf

BCIs befinden sich noch oft außerhalb des menschlichen Körpers. Die neuronalen Signale des Gehirns werden über nicht-invasive EEG-Kappen oder auch über EEG-Elektroden erfasst und an sie weitergeleitet, die durch Kopfhaut und Hirnschale an die Gehirnoberfläche oder sogar in die Tiefen des Cortex geführt werden. Doch für einen Dauereinsatz ist diese Methode nicht geeignet. Diese Lücke füllen *implantable Brain-Computer-Interfaces* (iBCIs), an denen Mitte der 2020er-Jahre intensiv geforscht wird. So wie Herzschrittmacher und Cochlea-Implantate werden sie Teil des menschlichen Körpers.

Die Forschung an implantierbaren BCIs dient zunächst Menschen, die mit ihnen intelligente Prothesen beziehungsweise Orthesen steuern.

- In den Jahren von 2004 bis 2021 wurden insgesamt 14 Menschen, die durch Rückenmarksverletzung, Schlaganfall oder ALS gelähmt waren, verschiedene BCI-Versionen des Bostoner Unternehmens BrainGate implantiert. Eine dieser Schnittstellen war auf die Entschlüsselung neuronaler Aktivitäten spezialisiert, die mit dem Schreiben per Hand in Verbindung stehen. Der Proband erreichte nach der Trainingsphase eine Schreibgeschwindigkeit von 90 Zeichen pro Minute auf dem Bildschirm. Dieser Wert ist mit den 115 Zeichen pro Minute vergleichbar, die ein gesunder User der Altersgruppe mit einem Handy erreicht. Dieser Wert wird in Zukunft wohl deutlich überboten.
- Ein großer Teil der bislang implantierten Schnittstellen stammt von dem US-amerikanischen Unternehmen Blackrock Neurotech, das seit 2008 auf dem Gebiet der iBCIs forscht. Ziel ist es, dass Menschen mit neurologischen Störungen wieder laufen, sprechen, hören, sehen und fühlen können.
- 2016 startete die Defense Advanced Research Projects Agency (DARPA), die für Forschungsprojekte zuständige Behörde des US-Verteidigungsministeriums, das sich auf 60 Mio. US-Dollar belaufende Programm *Neural Engineering System Design* (NESD), das auch für zivile Partner offen war. Ein Ziel dieses Projektes war es, die Signalauflösung und die Übertragungsgeschwindigkeit zwischen Gehirn und elektronischen Schaltkreisen zu erhöhen. Programmleiter Phillip Alvelda verglich die damalige Technologie der Signalübertragung zwischen Gehirn und Computer mit zwei Supercomputern, die über ein altes Modem miteinander kommunizieren. Er sagte:

> „Stellen Sie sich vor, was möglich wird, wenn wir unsere Werkzeuge aufrüsten, um den Kanal zwischen dem menschlichen Gehirn und der modernen Elektronik wirklich zu öffnen."

Das ambitionierte Ziel der DARPA ist ein BCI, das die Signale von bis zu einer Million einzelner Neuronen lesen und in umgekehrter Informationsrichtung etwa 100.000 Neuronen mit externen Informationen versorgen kann. Extrem feine Elektroden aus Nanotubes, kleinen Kohlenstoffröhrchen mit einem Durchmesser von 100 Nanometer, könnten beim Erreichen dieses Ziels helfen.

- Das gemeinnützige Wyss Center in Genf arbeitet am *Active Brain Implant Live Information Transfer sYstem* (Ability). Das Projekt untersucht unter anderem die Möglichkeit, neuronale Signale drahtlos und in Echtzeit auf einen tragbaren Computer zu übertragen und dort entschlüsseln zu lassen. Ein weiteres Forschungsfeld sind weniger als einen Millimeter große Implantate. Mehrere dieser sogenannten Neurograins sollen im Gehirn verteilt werden und untereinander Signale austauschen. Im Januar 2025 entstand daraus ein Start-up, das als europaweit erste Firma implantierte BCIs für Menschen mit neurologischen Einschränkungen anbietet.
- Das US-amerikanische Unternehmen Synchron arbeitet an BCIs, die nicht durch eine Operation am offenen Hirn implantiert werden, sondern wie ein Stent in ein Blutgefäß oberhalb des motorischen Cortex eingeführt werden, wo sie Bewegungsvorstellungen aufnehmen. Das *BCI Human Interface Device Protocol* (BCI-HID) erkennt die neuronale Schnittstelle als Eingabetool und setzt die Signale in Steuerungsbefehle um. Im Mai 2025 gab Synchron bekannt, dass es in Zusammenarbeit mit Apple eine Integration in das von Apple angekündigte BCI-HID ermöglicht. Das bedeutet, dass sich Geräte von Apple durch Gehirnsignale steuern lassen und damit für Menschen mit neurologischen Störungen zugänglich gemacht werden.
- Im März 2024 veröffentlichte das US-amerikanische Unternehmen Neuralink ein Video, in dem der an Armen und Beinen gelähmte Noland Arbaugh zu sehen ist. Im Januar war dem 29-Jährigen ein *Neuralink-BCI* mit 1014 Elektroden implantiert worden. Zwar hatten sich recht viele dieser Elektroden nach der Operation wieder von den Nervenzellen gelöst, doch Arbaugh konnte per Gedankenkraft im Internet surfen und mit einem Computer Schach spielen. In einem Interview sagte er 2025, dass er zwar mit dieser Technologie auch Texte wie E-Mails schreiben kann, dass es allerdings immer noch schneller (wenn auch nicht privater) ist, die Texte zu diktieren.

Elon Musk, der Neuralink 2016 gekauft hatte, geht es nicht nur um die medizinische Anwendung von iBCIs. Sein erklärtes Ziel ist es, ganz allgemein die Leistungsfähigkeit des menschlichen Gehirns zu verbessern. Mit BCI-Hilfe sollen Menschen sich einerseits Informationen und Fähigkeiten direkt aus dem Internet ins Gehirn laden lassen und andererseits intuitiv Maschinen und Roboter steuern. Was Elon Musks tatsächliche Motive und Aktionen sind, lässt sich insbesondere nach seinem Ausflug in die Politik nur schwer sagen.

Einen ähnlichen Ansatz verfolgte schon von 2010 bis 2015 das von der EU mit 9,5 Mio. € geförderte Projekt *Virtual Embodiment and Robotic Re-*

Embodiment (VERE). Und natürlich ist auch die DARPA nicht nur daran interessiert, Militärangehörige mithilfe implantierter Chips von posttraumatischen Belastungsstörungen zu befreien und mit intelligenten Prothesen zu versorgen. Mit entsprechenden iBCIs würden gesunde Soldaten verbesserte Wahrnehmungsfähigkeiten aufweisen und in kriegerischen Auseinandersetzungen weniger fehlerhaft agieren, weniger Schmerz und Angst leiden und stressresistenter sein.

Von der Prothetik zum Lifestyle-Produkt

Noch gibt es wenige Menschen mit implantierten BCIs. Doch es ist abzusehen, dass diese Methode den Sprung von der Rehabilitationsmedizin in den Alltag der Menschen machen wird. Dann lautet das Ziel nicht mehr, verloren gegangenes zu ersetzen oder Benachteiligungen auszugleichen, sondern die vorhandenen Fähigkeiten und Möglichkeiten zu optimieren oder zuvor nicht vorhandene zu erlangen.

Eine ähnliche Entwicklung ist bei Medikamenten zur Behandlung psychischer Krankheiten zu beobachten. Einige von ihnen finden seit etwa 2010 als *smart drugs* auch bei gesunden Menschen Verwendung. Ein Beispiel ist das Medikament Modafinil, das eigentlich zur Behandlung von Narkolepsie, also von plötzlichen Schlafattacken gedacht ist. Experten nehmen an, dass nur etwa ein Zehntel des hergestellten Modafinils von der eigentlichen Zielgruppe konsumiert wird. Bis zu 90 % des Medikaments wird wegen seiner aufputschenden Wirkung von gesunden Menschen eingenommen, die ihre kognitive Leistung erhöhen wollen. Trotz der vielen Nebenwirkungen, die von Schlaflosigkeit bis hin zu Paranoia und lebensgefährlichen Herzrhythmusstörungen reichen, nutzen immer mehr Menschen das *Pharmacological Cognitive Enhancement* (PCE). Vor allem die Nachfrage nach *smart drugs*, die Stress erträglich machen, steigt an.

Auch implantierte BCIs werden diesen Weg aus den Kliniken in den Alltag gehen, denn sie haben das Potenzial, unsere kognitiven Fähigkeiten und unser psychisches Wohlbefinden über das normale Maß hinaus zu verbessern. Aufmerksamkeit, Auffassungsgabe, Gedächtnisleistung, Lernfähigkeit, Konzentration, Wachheit, Selbstkontrolle, Willenskraft, sexuelles Verlangen und vieles mehr wäre nicht mehr allein von Persönlichkeit und Tagesform abhängig, sondern jederzeit abrufbar. Schüchternheit, Aggressivität, geringes Selbstwertgefühl usw. würden sich per neuroelektrischer BCI-Signale abstellen lassen. Sogar dauerhaftes Glück könnte auf der Wunschliste stehen. Eine zentrale Lehre aus der Geschichte der Menschheit: Was möglich ist, wird auch nachgefragt werden. Das Versprechen der gesteigerten individuellen Leistungs- und Erlebnisfähigkeit wird die Bedenken beiseite fegen, und immer mehr KI-gestützte Extras werden zur Grundausstattung des Menschen gehören.

Eine weiteres Anwendungsfeld für BCIs sind Maschinen, die direkt per Gedanken gesteuert werden. Wie wir im vorangegangenen Kapitel gesehen haben, kann das menschliche Gehirn einen in der virtuellen Welt existierenden Avatar adoptieren. Dasselbe funktioniert auch in der realen Welt: Das Gehirn macht sich die mit dem Körper verbundenen künstlichen Ergänzungen zu eigen. Ob Prothese oder Exoskelett, Fahrzeug oder Fräsmaschine – was über ein BCI mit dem Gehirn verbunden ist, wird als Teil des Körpers wahrgenommen. Die darin liegenden Möglichkeiten brachte der schwedische Neurowissenschaftler Henrik Ehrsson so auf den Punkt:

> „Man muss dann nicht einmal lernen, wie man den Roboter steuert. Es ist intuitiv."

Interfaces, die das menschliche Gehirn statt mit einem Computer direkt mit einer Maschine verbinden, werden *Brain-Machine-Interfaces* (BMIs) genannt. Über BMIs von Menschen gesteuerte Maschinen könnten überall dort direkt zum Einsatz kommen, wo es für Menschen zu gefährlich ist, zum Beispiel in Bereichen hoher Radioaktivität. Auch wenn es auf schnelle Reaktionen ankommt, sind BCIs von Vorteil. Fluglotsen könnten den Piloten mit weniger Zeitverzögerung Anweisungen geben. Und die Gaming-Branche wartet schon lange darauf, dass sich Nutzer per Gedankenkraft in den virtuellen Welten bewegen können.

In den 2010er-Jahren glaubte man noch, mit iBCIs relativ schnell zu Ergebnissen zu kommen. Im Grunde geht es ja „nur" darum, dass Gehirn und Computer/Maschine lernen müssen, miteinander zu arbeiten. Die Fähigkeit des Gehirns, sich aufgrund seiner Neuroplastizität sehr flexibel an neue Umgebungen anzupassen, versprach schnelle Erfolge. Doch seine Arbeitsweise ist überaus komplex und wurde erst in Teilen verstanden. Auf der anderen Seite macht KI die Gehirn-Computer-Schnittstellen und die Peripheriegeräte immer leistungs- und lernfähiger.

Es ist sehr wahrscheinlich, dass es für zukünftige Generationen völlig normal sein wird, dass ihre körperliche und mentale Leistungsfähigkeit durch implantierte Komponenten verbessert wird. Ray Kurzweil, der ab 2012 lange Jahre Leiter der technischen Entwicklung bei Google war, setzte den Zeitpunkt, ab dem BCIs massentauglich werden, sogar noch deutlich früher an:

„Wenn Sie im Jahr 2035 mit einem Menschen sprechen, sprechen Sie mit jemandem, der eine Kombination aus biologischer und nichtbiologischer Intelligenz ist."

Drei Affen, zwei Dimensionen und ein Arm

Wie einschneidend der Einsatz von BCIs für die Lebensumstände der Menschen sein wird, verdeutlicht das folgende Beispiel. Der brasilianische Neurobiologe Miguel Nicolelis implantierte 2015 BCIs in die Gehirne von drei Makaken. Die implantierten Chips nahmen die Signale von jeweils einigen hundert Neuronen auf und steuerten mit ihnen einen virtuellen Arm, den die Affen auf einem Bildschirm sehen konnten. Die in getrennten Kabinen sitzenden Tiere lernten schnell, per Hirnaktivität diesen Arm so zu bewegen, dass sie Belohnungen bekamen. In einem nächsten Schritt sollten die Affen eine noch komplexere Aufgabe lösen: Ihnen wurde ein dreidimensionales Bild eines Greifarms gezeigt, doch jeder der drei Affen konnte den Arm nur in zweien der drei Dimensionen steuern. Um an die Belohnung zu kommen, mussten die Gehirne der drei Affen also zusammenarbeiten. Nicolelis und sein Team wiesen nach, dass die Tiere tatsächlich ihre Hirnaktivität synchronisierten und die Neuronen aller drei Gehirne sich schon bald in Resonanz befanden. Das war mehr als nur eine Zusammenarbeit: Die für die Lösung der Aufgabe verantwortlichen Hirnbereiche der drei Individuen verhielten sich so, als wären sie zu einem einzigen Gehirn verschmolzen.

Ein nächster Schritt ist es, menschliche Gehirne über Neuro-Schnittstellen in direkten Kontakt miteinander zu bringen. Nicolelis äußerte sich zu entsprechenden Anwendungen in der Medizin:

„Mit einem *Brain-Machine-Interface* für mehrere Gehirne könnten wir vollkommen neue Übungen für schwer gelähmte Patienten entwickeln. Reha-Therapeuten könnten Patienten trainieren, indem sie ihre Gehirnwellen miteinander verbinden. Anstatt Muskeln und Knochen zu trainieren, könnten wir direkt das Gehirn trainieren."

Auch diese Technik würde schnell die Grenzen der Medizin verlassen. In allen Lebensbereichen könnten Menschen davon profitieren, dass die unmittelbare Informationsübermittlung von Gehirn zu Gehirn die Kommunikation weniger fehleranfällig macht als es die Sprache ist. In einem weiteren Schritt könnten menschliche Gehirne dauerhaft zu einem kollektiven

Bewusstsein zusammengeführt werden. Versuche mit Ratten zeigten bereits, dass mehrere zusammengeschlossene Gehirne leistungsfähiger sind als die einzelnen Organe.

Andreas Eschbach beschrieb in seiner Trilogie „Black Out", „Hide Out" und „Time Out" (Würzburg, 2010-2012) eine Zukunft, in der alle Menschen über implantierte Chips direkt miteinander kommunizieren. Die Gedanken der angeschlossenen Menschen, sogenannte Upgrader, bilden die „Kohärenz", die gleichzeitig in einer Feedbackschleife das Denken jedes Menschen steuert. Es gibt keine privaten Gedanken und Gefühle mehr, aus Individuen werden Teile des zentralen Hyperbewusstseins. Bei Eschbach siegen die Menschen durch einen Computerhack über die Kohärenz. Ein solches Happy End setzt allerdings eine erstaunlich schwache KI voraus.

BCIs haben das Potenzial, durch die Manipulation von Stimmungen und Fähigkeiten Supermenschen zu erschaffen und aus Individuen eine Gesamtheit zu formen, die sich wie ein einziger biologischer Computer verhält. Sie stehen für die Möglichkeit des Menschen, mit Maschinen zu verschmelzen und sich so von seinen biologischen Wurzeln zu lösen. Der US-amerikanische Mathematik- und Informatik-Professor Vernor Vinge, der als KI-Vordenker und Science-Fiction-Autor berühmt wurde, fasste die wahrscheinliche Entwicklung schon 1993 in einem vor der NASA gehaltenen Vortrag mit dem Titel „What is the Singularity?" (deutsche Übersetzung: „Technologische Singularität", in: docdroid.net 1993) so zusammen:

> „Wir werden in eine Welt eintreten, die von unserer menschlichen Vergangenheit so verschieden ist wie wir Menschen von den Tieren."

Vom Robot zum Cobot

Im ersten Teil dieses Kapitels ging es darum, dass immer mehr biologische Körperteile und -funktionen des Menschen durch künstliche Substitute ersetzt und ergänzt werden. Aber auch von der anderen Seite her gibt es eine Annäherung von Mensch und Maschine: Roboter werden immer menschenähnlicher und werden mit immer mehr biologischen Funktionen ausgestattet.

Wie für die Prothetik waren die 1980er-Jahre auch für die Robotik ein entscheidendes Jahrzehnt. Die ersten Roboter waren zwar schon Jahrzehnte zuvor entwickelt worden, doch erst jetzt wurden sie in nennenswertem Umfang für die Ausführung repetitiver Arbeitsschritte eingesetzt. Industrielle Fertigungsstraßen, an denen ein riesiger Greifarm hinter dem anderen steht und ohne Ermüdung oder Konzentrationsschwächen punktgenaue Schweißarbeiten und andere Tätigkeiten ausführt, wurden zu Sinnbildern eines technischen Fortschritts.

Anfangs konnten Roboter nur die vorab einprogrammierten Bewegungen ausführen. Dann begann die Eroberung der Robotik durch die KI. Die Maschinen lassen sich immer einfacher bedienen, in neuerer Zeit sogar intuitiv per Sprachbefehl. Roboter finden sich aber auch immer besser in der Welt zurecht. Das *reinforcement learning* befähigt sie mittlerweile, in einer Materialkiste mit gemischten Einzelteilen das benötigte Teil zu identifizieren und herauszuziehen. Diese Fähigkeit, die Umgebung wahrzunehmen und auf sie zu reagieren, öffnet Robotern die Tür zu neuen Welten. Sie sind nicht mehr auf klinisch saubere Fertigungsstraßen angewiesen, an denen alles perfekt durchorganisiert ist und jedes Ding seinen Platz hat. Sie können zum Beispiel in den Gängen von Pflegeheimen eingesetzt werden, in denen Essenswagen oder Rollatoren im Weg stehen, und in privaten Wohnungen, in denen Spielzeug herumliegt und jemand den Einkauf anders als sonst in den Schrank geräumt hat. Damit Roboter als sogenannte Cobots – der Name setzt sich aus den Wörtern *collaborative* und *robot* zusammen – den Menschen zur Hand gehen dürfen, müssen sie allerdings über bestimmte Fähigkeiten und Merkmale verfügen.

- An die Zuverlässigkeit von Cobots werden besonders hohe Anforderungen gestellt, denn in direktem Kontakt mit dem Menschen könnten sich Fehlfunktionen fatal auswirken.
- Während bei fest installierten Robotern die Sicherheitsregeln nur dafür sorgen müssen, dass kein Mensch versehentlich in ihren Arbeitsbereich gerät und zum Beispiel durch abrupte Drehungen eines Greifarms verletzt wird, findet die Mensch-Roboter-Kollaboration (MRK) im „schutzzaunlosen Betrieb“ statt. Deshalb gelten für Cobots strenge Grenzwerte für Geschwindigkeit, Kraft und andere biomechanische Parameter.
- Cobots sind in Industrie und Handwerk oft als Greifarm ausgestaltet. Im häuslichen Bereich und in der Pflege besitzen sie dagegen meist ein humanoides Aussehen mit Rumpf, Armen und Beinen sowie einem mit Sensoren und Kameras ausgestatteten Kopf. Diese Ausstattung erhöht nicht nur die Akzeptanz, sie befähigt die Roboter auch, sich auf ihren Beinen aktiv von einem Ort zum anderen zu bewegen und dabei sogar Hindernisse zu überwinden.

Humanoide, KI-gesteuerte Roboter werden sich in der Pflege, im Haushalt, im Handwerk, in der Logistik und vielen weiteren Bereichen der Gesellschaft durchsetzen. Alle Zeichen sprechen dafür, dass ihr Einsatz wirtschaftlich profitabel gestaltet werden kann – zumal sie das Problem fehlender Arbeitskräfte lösen könnten. In der Industrie, der ursprünglichen Heimat der Roboter-Greifarme, halten humanoide Cobots heute schon Einzug. Ein Blick auf die Automobilbranche, die schon bei der Einführung der klassischen Roboter wegweisend war, zeigt diesen Trend.

- Die erste Version des von der US-Firma Boston Dynamics hergestellten Cobots *Atlas* besaß enorme Kraft, war 1,88 m groß und wog 150 Kilo – zu wuchtig für den kollaborativen Arbeitseinsatz. Boston Dynamics gehörte zu Google und wurde 2021 an Hyundai verkauft. Der 2024 vorgestellte Nachfolger von *Atlas* ist nur noch 1,50 m groß und 80 Kilo schwer. Der Hersteller spricht vom „weltweit dynamischsten Roboter". Dies wird durch den Einsatz von KI ermöglicht.
- Im Jahr 2023 stellte die Firma Apptronic den humanoiden Cobot *Apollo* vor. *Apollo* ist so groß und so schwer wie ein Mensch und trägt Lasten bis zu 25 Kilo. Anders als viele Roboter in heutigen Produktionsanlagen kann er sehr flexibel eingesetzt werden – ähnlich wie ein Mensch. Dazu schreibt der Hersteller: „One Robot, Endless Possibilities." Seit kurzem leistet *Apollo* in Mercedes-Werken Dienst, um zum Beispiel benötigtes Material zur Produktionslinie bringen. Die Idee ist, ihn schließlich wie einen menschlichen Arbeiter bei allen Schritten des Zusammenbaus einzusetzen.
- Ein ähnliches Projekt startete 2024 die US-Tochter von BMW in ihrem Werk in South Carolina mit dem humanoiden Cobot *Figure 02*.
- Auch bei Tesla sollen in absehbarer Zeit humanoide Maschinen eingesetzt werden. Hier heißt der Cobot *Optimus* und wird von Tesla selbst entwickelt. Nach einer Testphase beim Bau von Elektrofahrzeugen soll *Optimus* unter anderem für Einsätze im Haushalt verkauft werden. Im März 2025 kündigte Musk an, dass *Optimus* 2026 in einer Rakete zum Mars sitzen wird.
- Nvidia entwickelt eine Plattform zur Entwicklung von Robotersystemen, die aufgrund ihrer Lernfähigkeiten in verschiedenen Umfeldern einsetzbar sein sollen. Das Projekt heißt *Isaac GROOT* und soll menschliche Handlungen beobachten und nachahmen. Es kann mehrere KI-Techniken integrieren, so auch Nvidias *Omniverse*. Zahlreiche Firmen wollen diese Plattform einsetzen. Im Juni 2025 hat beispielsweise Vorwerk angekündigt, damit einen Roboter für den Einsatz im Haushalt zu entwickeln.

Wetware für Cobots

Künstliche Intelligenz ermöglicht Menschen den intuitiven Umgang mit Maschinen und ebnet Cobots den Weg in unseren Alltag. Biologie und Elektronik rücken immer näher zusammen. Eine weitere Technik lässt beides miteinander verschmelzen: Wetware. Dieser Begriff wird hier für biologische Komponenten verwendet, die Roboter noch leistungsfähiger machen und ihre Integration in unser Leben weiter beschleunigen werden. Ein in diesem Zusammenhang ebenfalls genutzter Begriff lautet *Synthetic Biological Intelligence* (SBI).

Neuronale Netze brachten den entscheidenden Durchbruch für die Lern- und Leistungsfähigkeit von KI. Mit diesen elektronischen Schaltkreisen, die den Strukturen im Gehirn nachempfundenen sind, wurde die Arbeitsweise der herkömmlichen Computer überwunden, die Algorithmen linear abarbeiten müssen. Wetware geht einen Schritt weiter und verwendet keine künstlichen Schaltkreise, sondern greift auf das ursprüngliche Material zurück: lebende Nervenzellen. Das „wet" im Namen weist darauf hin, dass lebende Zellen eine feuchte Umgebung benötigen.

In Wetware dienen Nervenzellen, die beispielsweise aus Gehirnen von Ratten und Mäusen isoliert wurden, als „Schaltkreise". Auch aus menschlichen Stammzellen gezüchtete Neuronen können verwendet werden. Die einzelnen Zellen werden auf einen von Nährlösung umspülten Träger gesetzt, wo sie spontan Dendriten ausbilden und sich untereinander zu einem zweidimensionalen „brain on a dish" vernetzen. Der Informationsaustausch mit der Umgebung findet über an das Trägermaterial angeschlossene Elektroden statt.

Was utopisch klingt, haben bereits viele Forschungsteams in aller Welt erfolgreich getestet. 2005 trainierte ein Forscherteam der University of Florida die Nervenzellen von Ratten, ein Flugzeug in einem Flugsimulator zu steuern. Verschiedene Elektroden übermittelten den aktuellen Status des virtuellen Flugzeugs an einen biologischen Chip aus 25.000 miteinander vernetzten Zellen. Deren abgegebene Signale dienten als Steuerbefehle für Parameter wie Flughöhe, Geschwindigkeit und Neigungswinkel des virtuellen Flugzeugs. Verließ ein Wert den Sicherheitsbereich, wurden die Nervenzellen mit hochfrequenten Signalen „bestraft". Nach wenigen Minuten des *reinforcement learning* reagierte der Bio-Chip auf die einlaufenden Daten so, dass sich im Flugsimulator eine sichere Flugbahn ergab.

Noch sind viele Hürden zu überwinden, bis Wetware zuverlässig hergestellt und eingesetzt werden kann. Doch ihr Potenzial ist gewaltig: Sie könnte die

BCI-Technik revolutionieren und sogar ganze Teile des Gehirns als Implantat ersetzen. Diese Aussichten locken auch private Start-ups auf den Plan. Seit 2020 stellt das australische Start-up Cortical Labs Neuro-Chips aus lebenden Nervenzellen her. Nur acht Elektroden genügten 2022, um einem lebenden Zellverbund das „Pong"-Spiel beizubringen. Das Interessante an diesem Experiment: Cortical Labs ließ seinen Bio-Chip gegen eine Deep-Learning-KI aus herkömmlichen elektronischen Schaltkreisen spielen. Die Nervenzellen lernten das Spiel deutlich schneller als die aus elektronischen Schaltkreisen bestehende KI. Mittlerweile bietet das Unternehmen mit dem CL1 den ersten programmierbaren biologischen Computer mit USB-Schnittstelle an: „Plug & Play". In ihm arbeiten ca. 800.000 aus Stammzellen gezüchtete Neuronen für bis zu sechs Monaten, nach denen sie ausgetauscht werden müssen. Für 35.000 US-Dollar ist er ab Ende 2025 zu erwerben. Alternativ kann man die Technik auch Cloud-basiert nutzen, ohne einen eigenen CL1 zu besitzen.

Oshiorenoya Agabi, der Gründer des US-amerikanischen Unternehmens Koniku, einem weiteren privaten Anbieter, sagte 2018:

> „In acht Jahren werden wir vielleicht 10 Milliarden Neuronen auf einen Chip setzen können; sie könnten dann sogar miteinander ein Gespräch führen."

Die Vision des australischen Cortical-Labs-Teams geht noch weiter. Sie haben das Ziel, mit biologischen Neuronen eine Starke KI herzustellen, nach eigenen Angaben in einem ethischen Rahmen. Im Prinzip wäre das möglich, indem Menschen oder auch Robotern Wetware eingepflanzt wird. Doch auch bevor dieses Ziel erreicht ist, wird sich der herausragende Vorteil von Wetware bemerkbar machen: Biologische Komponenten verbrauchen nur einen Bruchteil der Energie, die elektronische Schaltkreise benötigen. Die natürliche Evolution hat dafür in Millionen von Jahren wertvolle Vorarbeit geliefert. Lebendes Nervengewebe würde Maschinen und Menschen auf energiesparende Weise körperlich und mental leistungsfähiger machen.

Ob „künstlich" oder „synthetisch" – wenn in Laboren hergestellte Ergänzungen des menschlichen Körpers Vorteile bringen, werden Menschen darauf drängen, immer mehr der natürlichen körperlichen und mentalen Funktionen mit ihnen zu unterstützen oder zu ersetzen. Es ist eine absehbare Folge, dass alles, was an natürlichen Geweben und Körperteilen durch optimierte, künstliche Gewebe ersetzt werden kann, auch ersetzt werden wird. Die gleiche Logik gilt für Maschinen: Wenn es einen Vorteil bringt, Silizium, Plastik und Metalle durch biologische Substitute zu ersetzen, wird dies gemacht werden. Menschen werden also Maschinen immer ähnlicher und Maschinen den

Menschen – am Ende werden die Übergänge fließend sein. Mischwesen aus Mensch und Maschine, die wir hier durchgehend Cyborgs nennen, sind nicht nur Science-Fiction, sondern eine logische Konsequenz der bisherigen Entwicklungen.

Die wirklich großen Fragen an die KI

In der Diskussion um KI ging es lange Zeit vor allem darum, wie die Interessen von denen gewahrt werden, die ihre Arbeit durch KI verlieren werden, oder wie sich Kreative dagegen wehren können, dass ihre Texte, Stimmen und Bilder ungefragt – und unbezahlt – für das Training von KI verwendet werden. Mit noch weiter reichenden gesellschaftlichen Konflikten beschäftigt sich die relativ neue Disziplin der Neuroethik. Sie widmet sich den philosophischen Fragestellungen, die sich aus der Verschmelzung von Mensch und Maschine ergeben:

1. Wie wirken sich KI-gestützte BCIs im menschlichen Gehirn und die Existenz von mit Wetware ausgestatteten Maschinen auf das Mensch-Sein aus?
2. Welchen gesellschaftlichen und rechtlichen Stellenwert werden KI-basierte Mischwesen aus Mensch und Maschine bekommen?

Die Frage, was implantierte BCIs für die Identität, die Individualität und das Bewusstsein eines Menschen bedeuten, und ob jemand, der über BCIs seine Stimmungen und Fähigkeiten manipuliert, noch er selbst ist, mag auf den ersten Blick rein akademischer Natur sein. Doch aus solchen Betrachtungen erwachsen konkrete gesellschaftliche Implikationen. Hier einige Beispiele:

- Wem werden High-End-Prothesen und BCIs zur Verfügung stehen? Die Ägypterin mit dem künstlichen Zeh gehörte als Tochter eines Priesters der sehr vermögenden Oberklasse an, und auch Götz von Berlichingen verfügte über die nötigen Mittel, um sich eine künstliche Hand bauen zu lassen. Zu einer neuen Kaste von Menschen mit integrierter KI könnten die Transhumanisten wie der rechts-libertäre Silicon-Valley-Milliardär Peter Thiel, der sich auch für Kryokonservierung interessiert, sowie KI-Pionier und „Google-Prophet" Ray Kurzweil gehören. Diese Kaste wäre möglicherweise eine neue, potente Oberschicht, die an ihrer Unsterblichkeit arbeitet. Würde sie die Ausstattung einer großen Anzahl an Menschen mit BCIs unterbinden, um ihren überlegenen Status zu behalten?

- Nicht nur der einzelne Mensch und die einzelne Maschine werden über ein BCI miteinander in Verbindung stehen. Große Gruppen werden untereinander Informationen, zum Beispiel Updates, austauschen. Über welche Netzwerke werden die BCIs miteinander in Verbindung stehen? Und welche Macht gibt das ihren Betreibern?
- Wie hoch muss der unveränderte biologische Anteil eines Menschen bleiben, damit er nicht sein Recht auf Mitsprache bei der Gestaltung seines Lebens verliert? Ab wann wäre ein durch Implantate ergänzter Mensch kein Mensch mehr, sondern ein Cyborg? Könnte er dann ohne seine Einwilligung zu Arbeits- oder Kriegseinsätzen gezwungen oder für sie programmiert werden?
- Soll die Psyche von Straftätern neurologisch verändert werden? Und dürfen Armeen ihre Soldaten mit BCIs ausstatten, um sie intelligenter, schneller und skrupelloser zu machen? Das Anschreien von Soldaten, das beispielsweise bei der US-Armee üblich ist, um bedingungslosen Gehorsam zu erzeugen, zeigt, dass für viele Armeen „jedes Mittel recht ist".
- Die psychischen und physischen Leistungen von Menschen ohne BCIs werden nicht mit denen mithalten können, die durch BCIs kognitiv und physisch stärker wurden. Wie werden Gesellschaften mit den Ungleichheiten umgehen?

Auch die Ausstattung von Maschinen mit biologischen Anteilen und die Existenz von Cyborgs werfen Fragen auf:

- Ab welchem biologischen Anteil wird eine Maschine, die mit natürlichem Gewebe ausgestattet wurde, als ein lebendes Wesen mit Bewusstsein und Individualität anerkannt? Ab wann gilt sie als juristische Person mit Rechten und Pflichten?
- Wer trägt die Verantwortung für das Handeln von Cyborgs? Gesteht man ihnen Persönlichkeitsrechte zu, wären Herstellerfirmen vor Regressforderungen sicher, falls zum Beispiel ein von ihnen auf den Markt gebrachter Cyborg ein fehlerhaftes Medikament entwickelt hätte.
- Haben Cyborgs ein Recht auf Versorgung mit Energie, also auf Leben? Der Philosoph Thomas Metzinger sagte hierzu:

> „Ich bin schon oft gefragt worden, ob wir selbstbewusste Maschinen machen könnten, die hervorragend intelligent sind und unfähig zu leiden. Kann es wirkliche Intelligenz ohne Sorge um die eigene Existenz geben?"

In der Öffentlichkeit wird ausführlich diskutiert, ob und wie wir verhindern können, dass KI uns Menschen die Entscheidungsfreiheit nimmt und uns marginalisiert. Dass diese KI schließlich in Form von Menschen auftreten wird, die sich Implantate einpflanzen ließen, oder durch Maschinen, die durch biologische neuronale Gewebe ergänzt wurden, hat kaum jemand auf dem Schirm. Darüber, wie diese KI mit den Menschen umgehen wird, die sich ihre biologische Unversehrtheit bewahren wollen oder müssen, hat der Autor Yuval Noah Harari nachgedacht:

> „Sie wollen wissen, wie superintelligente Cyborgs gewöhnliche Menschen aus Fleisch und Blut behandeln könnten? Fangen Sie besser damit an, zu untersuchen, wie Menschen ihre weniger intelligenten tierischen Vettern behandeln. Das ist natürlich keine perfekte Analogie, aber es ist der beste Archetyp, den wir tatsächlich beobachten können, anstatt ihn uns nur vorzustellen.“

7

Delirium furiosum

Lässt sich ein unkontrollierter Siegeszug der KI verhindern?

Die Veröffentlichung von *ChatGPT-3.5* Ende 2022 machte sichtbar, dass die Entwicklung von KI seit Jahrzehnten vorangetrieben, außerhalb von Expertenkreisen aber nicht wahrgenommen worden war. Es war ein Weckruf, der Ängste und Begehrlichkeiten erzeugte. Seitdem werden die Möglichkeiten und Gefahren von KI auch in der Öffentlichkeit intensiv diskutiert – wobei die einschneidendsten Möglichkeiten (die Emigration der Menschen in virtuelle Welten und die Verschmelzung von Mensch und Maschine) bisher kaum eine Rolle spielen. Die vorrangige Frage ist, inwieweit wir das, was auf uns zukommt, steuern oder sogar aufhalten können. Ein Blick auf die Wissenschaftsgeschichte zeigt, dass die Chancen dafür gering sind:

1. Wissenschaftlicher Fortschritt und die daraus folgenden Technologien konnten bisher weder zeitlich noch räumlich dauerhaft eingegrenzt werden.
2. Technologien werden angewendet, bevor die mit ihnen einhergehenden Probleme umfänglich erkannt, geschweige denn gelöst sind.
3. Neue Technologien setzen sich schneller durch, als gemeinsame Regeln gefunden werden.

1. Wissenschaftlicher Fortschritt und die aus daraus folgenden Technologien konnten bisher weder zeitlich noch räumlich dauerhaft eingegrenzt werden.

Im europäischen Mittelalter verhinderten religiöse Doktrinen die Verbreitung wissenschaftlichen Denkens. Keinesfalls sollten etablierte Strukturen in Frage gestellt werden. Auf lange Sicht konnte aber auch die damals mächtigste In-

© Der/die Autor(en), exklusiv lizenziert an Springer-Verlag GmbH, DE, ein Teil von Springer Nature 2025

L. Jaeger, A. Naji, *Künstliche Intelligenz und Mensch*,
https://doi.org/10.1007/978-3-662-72145-2_7

stitution, die Kirche, den Aufstieg von Forschung und Technik nicht verhindern. Nicht nur zeitlich, sondern auch räumlich misslang der Versuch, die Wissenschaften einzuhegen. Während im Abendland unabhängige Köpfe entweder mundtot gemacht oder als Ketzer hingerichtet wurden, hütete die islamische Welt den antiken Wissensschatz. Werke der antiken Denker und Dichter des Abendlandes wurden ab dem 8. Jahrhundert unter anderem im „Haus der Weisheit" in Bagdad übersetzt, studiert und vervielfältigt. Von dort aus fasste das Wissen ab dem frühen 13. Jahrhundert im Westen wieder Fuß. Mit der europäischen Aufklärung kehrte sich dieses Verhältnis dann um. Während in der islamischen Welt fortschrittsfeindliche Kräfte erstarkten, blühte Europa spektakulär auf und übernahm die Führungsrolle in der Welt.

Die einzige Technologie, von der angenommen wurde, dass – nach katastrophalen Anfängen – ein globaler und endgültiger Bann gelungen sei, ist die der Nuklearwaffen. Nachdem ihre verheerende Wirkung durch die Zerstörung von Hiroshima und Nagasaki offenbar geworden war, dienten sie während des Kalten Krieges allein der Abschreckung. Ihr Einsatz war weder im Osten noch im Westen das Ziel. Im Lauf der Zeit veränderte sich die Strategie sogar grundlegend. Anfangs war es noch Konsens gewesen, jeden Angriff – auch dann, wenn er mit konventionellen Waffen erfolgte – umgehend mit einem atomaren Gegenschlag zu beantworten. Ab 1967 galt dann in der NATO die Doktrin, dass ein Angriff mit konventionellen Waffen mit gleichen Waffengattungen beantwortet werden würde. Nur bei einem nuklearen Angriff oder einer bevorstehenden Niederlage sollten Atombomben zum Einsatz kommen. Trotzdem wurde ein Overkill aufgebaut – 1986 besaß die UdSSR über 40.000 Atomsprengköpfe, die USA mehr als 23.000. 1991, kurz vor dem Zusammenbruch der UdSSR wurde der erste *Strategic Arms Reduction Treaty* (START I) unterzeichnet, der den Abbau der Lagerbestände verhandelte. START II wurde 1993 unterzeichnet, trat aber nie in Kraft. Eine weitere Reduktion der Anzahl der Atomsprengköpfe für die folgenden zehn Jahre wurde 2010 mit New START zwischen dem amerikanischen Präsidenten Obama und dem russischen Präsidenten Medwedew ausgehandelt. Anfang 2021 wurde der Vertrag von Biden und Putin verlängert.

Über Jahrzehnte hatten Diplomaten erfolgreich daran gearbeitet, das Wettrüsten von USA und UdSSR beziehungsweise Russland einzudämmen; ab den 1990er-Jahren schien die Gefahr ein für alle Mal gebannt. Doch seitdem die russischen Streitkräfte bei ihrem Eroberungsfeldzug in der Ukraine 2022 auf unerwartet starke Gegenwehr stießen, wendete sich das Blatt. Die russische Drohung, mit einem Atomschlag zu antworten, sollten sich westliche Länder als Kriegsparteien in den Konflikt einmischen, hat die Uhr wieder auf die Zeit vor 1967 zurückgedreht. Die Antwort der europäischen Atommächte

Frankreich und Großbritannien lautet, dass sie nicht zögern werden, auf einen atomaren Erstschlag Russlands ihrerseits mit Atombomben zu reagieren. Die Welt befindet sich also nach über 35 Jahren vermeintlicher Sicherheit, in denen die Möglichkeit eines nuklearen Krieges gebannt schien, wieder in der Patt-Situation eines Kalten Krieges. Die Lage ist sogar kritischer als zuvor, denn neben den Atommächten USA, Russland, Großbritannien, Frankreich und China verfügen längst weitere Länder über nukleare Waffen: Israel, dessen Lage inmitten feindlich gesonnener Nachbarn weiterhin unsicher ist, kann im immer wieder auflodernden Nahost-Konflikt auch diese Muskeln spielen lassen, nicht nur gegenüber seinen direkten Nachbarn. Iran arbeitet seit 2003 mit großen Anstrengungen daran, ebenfalls Atommacht zu werden. Wie weit sein Atomprogramm zerstört ist, kann nicht klar beantwortet werden. Indien und Pakistan, deren Nachbarschaft seit Jahrzehnten konfliktbeladen ist, haben nach Schätzungen je ungefähr 170 nukleare Sprengköpfe. Ob Nordkorea tatsächlich einsatzfähige Atombomben besitzt, ist fraglich.

Eine weitere potenziell sehr gefährliche Technologie ist die CRISPR-Cas-Technik, die sogenannte Genschere, mit der sich das Erbgut von Lebewesen gezielt verändern lässt. Auch bei ihr muss sich erst noch erweisen, ob es global und endgültig gelingt, sie ausschließlich zum Wohle der Menschen einzusetzen. In Deutschland ist es zum Beispiel verboten, sie auf menschliche Zellen anzuwenden. Denn ein Eingriff ins Erbgut betrifft immer auch alle Nachkommen – und die sollen geschützt werden. In China waren die Bedenken weniger stark: 2018 nahm der Biophysiker He Jiankui per CRISPR-Cas-Methode gezielte Veränderungen am Erbgut von drei weiblichen, durch künstliche Befruchtung erzeugten menschlichen Embryonen vor, um in ihnen eine Resistenz gegen den Aidserreger HIV zu erzeugen. Als er die Geburt der drei gentechnisch veränderten Babys verkündete, distanzierte sich die wissenschaftliche Welt umgehend von diesem Experiment. He war zwar vom chinesischen Staat gefördert worden, kam aber in Haft. Es wurde still um diese Forschungsrichtung, die das menschliche Genom manipuliert. 2022 wurde He aus dem Gefängnis entlassen. Er will seine damaligen Forschungsergebnisse veröffentlichen und weiter mit menschlichen Embryos arbeiten. Zumindest auf sozialen Netzwerken ist er weiterhin sehr aktiv. Wie wird sich die Weltgemeinschaft verhalten, wenn es ihm oder anderen gelingt, Aids und andere Krankheiten durch Genmanipulationen zu überwinden?

2. Technologien werden angewendet, bevor die mit ihnen einhergehenden Probleme umfänglich erkannt, geschweige denn gelöst sind.

Eine der einschneidendsten Veränderungen durch technischen Fortschritt setzte die von James Watt 1763 vorgestellte Dampfmaschine in Gang. Die Industrialisierung veränderte das Dasein der Menschen grundlegend und sicherte den Nutznießern Wohlstand. Gleichzeitig wurden große Teile der Bevölkerung ins Elend gestürzt, zum Beispiel verloren Weber ihre Lebensgrundlage, als Fabriken mit mechanischen Webstühlen aufkamen. Menschen zogen vom Land in die Fabrikstandorte, wo sie in prekärsten Verhältnissen lebten; das soziale Gefüge brach auseinander. Es dauerte etwa 150 Jahre, bis die Gesellschaften das soziale Problem zumindest ansatzweise in den Griff bekommen hatten. Renten, Wochenarbeitszeit und Arbeiterwohlfahrt sind Errungenschaften, von denen die zu Zeiten der Transformation lebenden Arbeiter-Generationen nur träumen konnten. Zu echter Chancengleichheit haben auch sie nicht geführt.

Menschen gehen sogar bewusst Risiken ein, um von neuen Technologien zu profitieren. Eine direkte Folge der Einführung der Dampfmaschine war der Siegeszug der Eisenbahn, die im 19. Jahrhundert Personenverkehr und Handel revolutionierte. Diese neue Technologie barg direkte Gefahren für Leib und Leben der Menschen. In diesem Zusammenhang wird oft die Skepsis von Fachleuten gegenüber der Inbetriebnahme der ersten deutschen Bahnstrecke 1835 kolportiert – auch wenn diese Geschichte nicht belegt ist. Ein Gutachter des Königlich-Bayerischen Medizinalkollegiums soll damals vor Geschwindigkeiten über 30 km/h eindrücklich gewarnt haben, weil sie bei den Passagieren geistige Unruhe, *Delirium furiosum* genannt, hervorrufen würden. Aus heutiger Sicht waren diese Bedenken gegen den „Geschwindigkeitswahn" unbegründet. Weniger amüsant waren die vielen Eisenbahnunglücke, die lange Zeit eine hohe Zahl an Todesopfern forderten, weil die Technik noch nicht beherrscht wurde. Lokomotivführer war ein sehr gefährlicher Beruf, denn durch Material- und Bedienungsfehler kam es häufig zu Kesselexplosionen. Auch als Passagier war man seines Lebens nicht sicher. Dass die Angst vor Zugunglücken durchaus ihre Berechtigung hatte, lässt sich unter anderem an der Häufigkeit ablesen, mit der sie Eingang in die Literatur fanden. Die Ballade „Die Brück' am Tay" von Theodor Fontane behandelt den Einsturz der über 3 km langen Eisenbahnbrücke über den schottischen Firth of Tay, der 1879 allen 75 Zuginsassen das Leben kostete. Ein außergewöhnlich hoher Winddruck und das Gewicht einer zu schweren Lokomotive hatten dazu geführt, dass die Konstruktion einstürzte. Noch 1909 erschien von Thomas Mann die Novelle „Das Eisenbahnunglück". Trotz des hohen Blutzolls setzte sich der Schienenverkehr durch. Bequemes Reisen und kostengünstiger Gütertransport boten einfach zu viele Vorteile. Erst im Lauf der Jahrzehnte wurde die Sicherheit von Maschinentechnik, Streckenführung und weiteren Parametern zum Standard.

3. Neue Technologien setzen sich schneller durch, als gemeinsame Regeln gefunden werden.

Im Falle des Schienenverkehrs wurden die technischen Kinderkrankheiten überwunden, heute ist die Eisenbahn fast überall auf der Welt das sicherste Transportmittel. Ein Problem bleibt jedoch bestehen: Aus historischen Gründen etablierten sich in den verschiedenen Regionen der Welt fast ein Dutzend unterschiedliche Spurbreiten – dieser „Systemfehler" ist nicht mehr korrigierbar. Drei Viertel der weltweit existierenden Gleise sind mit der Spurbreite von 1435 mm verlegt, in Nordamerika und China ist sie der Standard, in Europa ist sie die vorherrschende Spurbreite. Auf dem indischen Subkontinent, in Russland und auf der iberischen Halbinsel wurden Gleise mit deutlich breiterer Spurbreite verbaut; in Brasilien und Japan gibt es zumeist geringere Spurbreiten. Bis heute erfordern die unterschiedlichen Spurbreiten im internationalen Eisenbahnverkehr an vielen Grenzen ein zeit- und kostenaufwendiges Umladen.

Technologie erweist sich als schneller als der Gesetzgeber. Bevor internationale Regeln durchgesetzt werden können, hat sich die Technologie schon verselbstständigt. Eines der wenigen Beispiele für eine erfolgreiche nachträgliche Regulierung sind Ladekabel für Elektro-Kleingeräte. In der EU dürfen seit Dezember 2024 nur noch Geräte mit USB-C-Ladeanschluss verkauft werden. Obwohl Konsens herrschte, dass ein solches Gesetz kundenfreundlich ist und jährlich rund 11.000 Tonnen Elektroschrott vermeidet, dauerte es 15 Jahre vom Beginn der Diskussion in der Europäischen Kommission 2009 bis zur Verabschiedung des Gesetzes.

Bei der Frage, ob KI durch Gesetze eingegrenzt werden kann, sind die Hürden ungleich höher als bei dem vergleichsweise überschaubaren Thema der Ladekabel. KI hat jetzt schon in fast allen Lebensbereichen Fuß gefasst – von der Finanzwelt bis zur Schule, vom Gesundheitssystem bis zu industriellen Fertigungsprozessen. Wir sind weit von einem Konsens entfernt, was KI dürfen soll und was ihr verboten werden muss.

KI mit eingebauter „ethischer DNA"

Damit KI auf Dauer zum Wohle der Menschen arbeitet, müssten ihr verbindliche Regeln direkt in ihre Quellcodes eingeschrieben werden. Doch wie soll diese ethische Grundausstattung aussehen, die für ausnahmslos alle KI-Anwendungen auf der Welt gelten müsste?

Im 2. Kapitel wurden bereits die vier Gesetze der Robotik von Isaac Asimov vorgestellt (das nullte Gesetz wurde von ihm später ergänzt):

0. *Ein Roboter darf die Menschheit nicht verletzen oder durch Passivität zulassen, dass die Menschheit zu Schaden kommt.*
1. *Ein Roboter darf keinen Menschen verletzen oder durch Untätigkeit zu Schaden kommen lassen.*
2. *Ein Roboter muss den Befehlen der Menschen gehorchen – es sei denn, solche Befehle stehen im Widerspruch zum ersten Gesetz.*
3. *Ein Roboter muss seine eigene Existenz schützen, solange sein Handeln nicht den vorigen Gesetzen widerspricht.*

Der Kernpunkt dieser Anweisungen ist, dass Roboter – die hier mit KI gleichzusetzen sind – weniger wert sind als Menschen und im Zweifel auf ihre eigene Existenz verzichten müssen. Dieses Regelwerk ist wunderbar prägnant, doch in der Vorstellung Asimovs beschränkte sich das Leid, das ein Roboter einem Menschen zufügen könnte, auf körperliche Schäden. Mittlerweile haben die unterschiedlichsten Organisationen Regelwerke zusammengestellt, die zusätzliche Anforderungen an eine „vertrauenswürdige KI" benennen. KI soll nun auch keinesfalls psychologische, soziale und ökologische Schäden verursachen. Darüber hinaus sind Fairness, Transparenz und Bewahrung menschlicher Autonomie als mögliche Voraussetzungen für den Einsatz von KI in der Diskussion. Nicht zuletzt soll eine allgemeingültige KI-Ethik auch Haftungsfragen klären.

So weit, so gut. Das Problem einer solchen Liste ist, dass sie sich anmaßt, über „gut" und „schlecht" zu entscheiden. Denn was genau ist „fair"? Und was wäre ein „sozialer Schaden"? Wäre eine utilitaristische Ethik – größtmögliches Glück für die größtmögliche Zahl an Menschen – für alle Kulturen der Welt wirklich die erste Wahl? Dass die Vorstellungen der Menschen weit auseinandergehen, lässt sich anhand der „Ethischen Leitlinien für vertrauenswürdige KI" zeigen, die eine Expertengruppe der EU-Kommission im Dezember 2018 vorlegte. Ihr Vorschlag für ein KI-Regelwerk lautet, dass

- der einzelne Mensch, seine Würde und Freiheit geschützt werden,
- Gleichheit, Schutz von Minderheiten und Solidarität gefördert werden,
- Demokratie, Recht und Ordnung sowie die Bürgerrechte gewahrt bleiben müssen,
- KI umweltfreundlich sein soll.

Diese Liste wird außerhalb der EU nur eingeschränkt auf Zustimmung treffen. Allein die Frage, ob Demokratien durch KI geschädigt werden dürfen, wird in vielen Ländern der Erde anders beantwortet als in der westlichen Welt. Und so manche Regierung wird KI eher zur Unterdrückung von Minderheiten einsetzen als zu deren Schutz. Worauf sich die Menschheit vielleicht einigen könnte, wäre dieser Punkt: KI soll nicht durch KI kontrolliert werden, sondern durch den Menschen.

Um zu weiteren Maßstäben zu gelangen, die von allen Menschen der Welt geteilt werden können, müssen philosophische, religiöse und sogar spirituelle Fragen gestellt und beantwortet werden. Tatsächlich stellen staatliche Stellen und auch Unternehmen wie Google neben Programmierern und Technikern auch philosophisch ausgebildete Menschen ein. Die Frage ist, ob ihre Arbeit mit der Geschwindigkeit Schritt halten kann, mit der KI global und in allen Lebensbereichen Einzug hält.

Ein anderer Ansatz, um zu gemeinsamen Regeln zu kommen, verzichtet darauf, die Wirkung von KI auf Menschen zu reglementieren. Stattdessen liegt der Fokus auf grundlegenden Anforderungen an KI. Eine dieser Eigenschaften ist die Zuverlässigkeit der von ihr gelieferten Informationen – KI soll weder halluzinieren noch lügen. Auch Transparenz steht auf der Wunschliste. Die „Datenschutz-Grundverordnung" der EU von 2018 verpflichtet Betreiber von Datenverarbeitungssystemen mit automatisierter Entscheidungsfindung, dass sie betroffenen Personen „aussagekräftige Informationen über die involvierte Logik sowie die Tragweite und die angestrebten Auswirkungen einer derartigen Verarbeitung" zur Verfügung stellen müssen. Im Prinzip müssten KI-Anwendungen in der EU schon heute dieser Vorgabe folgen, doch die interne Zielsetzung ist KI-Nutzern immer noch in fast allen Fällen verborgen. Mit diesem Thema beschäftigt sich das wachsende Forschungsfeld *EXplainable Artificial Intelligence* (XAI, „Erklärbare KI"). Eine Studie der Mozilla Foundation von 2023, in deren Rahmen 57 XAI-Experten befragt wurden, kommt zum Schluss, dass es zwar eine Reihe an Tools gibt, die die Transparenz von KI erhöhen, dass es aber aus marktwirtschaftlicher Sicht für Unternehmen kaum lohnend ist, sie einzusetzen.

Wäre es überhaupt möglich, XAI zu gewährleisten? Wie wir schon gesehen haben, sind heutige LLMs schon so komplex, dass an einem nachhaltigen Erfolg von XAI gezweifelt werden kann. Dennoch: In einigen Bereichen, die rechtliche Implikationen beinhalten, wird XAI als ein Trend in 2025 gesehen, z. B. bei der Vertragsanalyse, in der Finanzwirtschaft oder im Gesundheitssystem. Die Frage nach der technischen Umsetzbarkeit ist dabei weitgehend ungeklärt.

Der Fall OpenAI: Von der Gemeinnützigkeit zur Wirtschaftsmacht

Der Grund dafür, dass Menschen sich nicht auf eine gemeinsame KI-Ethik einigen können, liegt nicht allein an unterschiedlichen Werte-Auffassungen. Auch nationale und wirtschaftliche Interessen erweisen sich bisher als stärker als der Versuch, gemeinschaftlich zu handeln. Das Unternehmen Open AI, das *ChatGPT* entwickelte, ist ein Kronzeuge für diesen Mechanismus. Es wurde 2015 als gemeinnütziges Forschungslabor gegründet, das sich der ethischen Kernfrage der Künstlichen Intelligenz widmen wollte. Die Gründer hatten nicht nur die Frage im Blick, wie KI dazu gebracht werden kann, nur Entscheidungen im Interesse der Menschheit zu treffen. Sie gingen einen Schritt weiter: „Wie können wir dies sicherstellen, auch wenn sich KI zur *Artificial General Intelligence* (AGI) entwickelt, die dem Menschen überlegen ist?"

Die Gründungs-Charta des Unternehmens Open AI nennt ausdrücklich folgende Ziele:

- Es soll eine globale Gemeinschaft geschaffen werden, die kollektiv die globalen Herausforderungen einer AGI angeht. Die Zusammenarbeit mit anderen Unternehmen, die an sicherer KI arbeiten, wird ausdrücklich angestrebt.
- KI soll zum Nutzen aller verwendet werden. Anwendungen, die der Menschheit schaden oder zu einer übermäßigen Machtkonzentration führen würden, sollen verhindert werden.
- Die Mitarbeiter sind aufgefordert, ihre Arbeit zu veröffentlichen. Falls Patente generiert werden, werden sie mit der Welt geteilt.
- Bei der Verfolgung dieser Ziele stehen nicht die Interessen von Investoren im Vordergrund, sondern die sichere Anwendung mit Blick auf die gesellschaftlichen Auswirkungen von KI.

2018 verließ Mit-Gründer Elon Musk das Unternehmen im Streit um die strategische Ausrichtung von OpenAI. *ChatGPT* hat er später als „woke" bezeichnet, also mehr der politischen Korrektheit als der Wahrheit verpflichtet. 2023 gründete Musk X.AI, das später das Konkurrenz-Produkt *Grok* herausbrachte. Offiziell ist das Ziel von X.AI, KI-Systeme zu entwickeln, die „wahrheitsgetreu, kompetent und maximal nützlich für die gesamte Menschheit" agieren. Für Musk, dessen Blogging-Dienst X für die Verbreitung von Falschinformationen und Verschwörungstheorien bekannt ist, ein nicht sehr glaubhaftes Ziel. So gab es Anfang 2025 Vorwürfe, dass *Grok* bezüglich Aussagen von Trump und Musk nicht unabhängig agiere. X.AI ließ später verlauten, dass dies eine nicht abgestimmte Einstellung eines neuen Mitarbeiters gewesen sei.

2019 veröffentlichte OpenAI *ChatGPT-2*. In diesem Jahr war der Finanzbedarf des Unternehmens so stark angewachsen, dass ein Subunternehmen mit einer völlig neuen Rechtsform gegründet wurde: OpenAI LP (*Limited Partnership*). Dieser Unternehmensteil verfolgt streng kommerzielle Ziele, die Gewinne der Investoren sind allerdings gedeckelt: Die über ein bestimmtes Maß hinausgehenden Überschüsse werden an die ursprüngliche Non-Profit-Einheit von OpenAI weitergeleitet. Was sich wie eine Begrenzung von Investoreninteressen anhört, ist de facto ein Feigenblatt: In der ersten Investorenrunde lag das Limit beim 100-fachen des von den Investoren eingesetzten Kapitals. Die neue Ausrichtung von OpenAI öffnete die Tür für frisches Geld. Die Kontrolle über das Unternehmen lag aber offiziell noch bei der ursprünglichen OpenAI-Einheit, von hier aus überwachte der Verwaltungsrat die Aktivitäten des Unternehmens.

2020 brachte OpenAI *ChatGPT-3* heraus. Während im Jahr zuvor *ChatGPT-2* noch vollständig und kostenfrei heruntergeladen werden konnte, mussten Nutzer für die neue Version bezahlen. Teile dieser Version blieben geheim, weil der Investor Microsoft sich den exklusiven Zugriff auf den Quellcode gesichert hatte.

Ende 2022 trieb der Vorstandsvorsitzende Sam Altman die Veröffentlichung von *ChatGPT-3.5* quasi im Alleingang voran – für viele der KI-Urknall. Über Nacht war OpenAI in aller Munde. Sein Coup machte aber auch die unternehmensinterne Vertrauenskrise sichtbar: Die Verwaltungsräte waren nicht eingeweiht und erfuhren von dem Launch über Twitter. Dass sie daraufhin öffentlich Informationen darüber forderten, welche Sicherheitsmaßnahmen vor der Veröffentlichung getroffen worden waren, wirkte wie ein Offenbarungseid. Wie konnte es sein, dass dieses Gremium, das die Geschäftsleitung beaufsichtigen und sicherstellen soll, dass die Leitlinien des Unternehmens umgesetzt werden, nicht wusste, welche Sicherheitskriterien *ChatGPT-3.5* erfüllte? Verwaltungsrätin Helen Toner berichtete später, Altmans Aussagen über die Sicherheitsprozesse wären „unzutreffend" gewesen.

2023 tobte ein interner Richtungskampf im Unternehmen. Was war aus den Zielen geworden? Von globaler Zusammenarbeit konnte nicht die Rede sein, die funktionierte ja noch nicht einmal innerhalb des Unternehmens. Die Arbeitsergebnisse wurden auch nicht offen geteilt, sondern teilweise zurückgehalten, um die Interessen der Investoren zu schützen. Und weil OpenAI seinen Investoren untersagt, sich auch an direkten Wettbewerbern zu beteiligen – dies ist einer der Gründe, warum Konkurrent X.AI sich mit OpenAI vor Gericht schwere Gefechte liefert – ist auch von dem ehemaligen Bestreben, mit anderen Unternehmen Allianzen zu bilden, nichts mehr übriggeblieben. Im Herbst 2023 schien die Auseinandersetzung entschieden zu sein: Sam Altman wurde überraschend entlassen. War die Idee der Gemeinnützigkeit stärker als der Wunsch nach Gewinnmaximierung gewesen? Nur wenige Tage später war Altman wieder zurück. 2024 verließen die OpenAI-Mitgründer John Schulman, Greg Brockman und Ilya Sutskever sowie mehrere weitere hochrangige, mit Sicherheitsfragen betraute Manager das Unternehmen. Die Gesetze des Marktes hatten gesiegt. OpenAI-Verwaltungsrätin Helen Toner, die für die Entlassung Altmans gestimmt hatte, bestätigte in einem Podcast, dass der Druck, Gewinne zu generieren, größer geworden war als die Selbstregulation. Umso mehr seien staatliche Maßnahmen gefragt, Sicherheitsstandards durchzusetzen.

Damit steht die nächste Frage im Raum: Wenn die Unternehmen selbst es nicht schaffen, ihre Produkte so sicher zu gestalten, dass Schaden ausgeschlossen ist – haben staatliche Instanzen die Macht und die Fähigkeit, KI-Unternehmen dazu zu zwingen?

Der Ruf nach dem starken Staat

KI ist ein globales Thema und fällt damit in den Verantwortungsbereich der Vereinten Nationen (UN). Dieser Organisation fällt die Aufgabe zu, nationale Anstrengungen zur KI-Regulierung zu bündeln und aus ihnen global gültige Standards zu entwickeln und umzusetzen. Die UN hat die Gefahren, die KI mit sich bringt, erkannt und ist auch gewillt, die notwendigen Regulierungen vorzunehmen. Im September 2024 veröffentlichte sie ein entsprechendes Grundsatzpapier: „Governing AI for Humanity: Final Report". Dieses bringt klar zum Ausdruck, dass KI die Machtverhältnisse auf der Erde beeinflusst. Denn wer sie beherrscht, beherrscht auch die Wirtschaftskreisläufe und Ressourcenströme, die Bildung, das Gesundheitsmanagement und weitere globale Themen. Der UN ist daran gelegen, eine weitere Akkumulation von Macht zu verhindern und damit auch ärmeren Ländern den Zugang zu den Vorteilen der KI freizuhalten.

Der Wille ist da, doch wie stehen die Aussichten der Legislative, KI zu kontrollieren und die immer dreister auftretenden KI-Konzerne in die Schranken zu verweisen? Zum Glück ist in Deutschland jedes von einem Menschen geschaffene Werk durch das Urheberrechtsgesetz geschützt (nebenbei: durch KI erzeugte Werke sind nicht geschützt). In den USA war ursprünglich ein Copyright-Vermerk © nötig, um diesen Schutz zu erlangen, doch seit 1989 das „Berner Übereinkommen zum Schutz von Werken der Literatur und Kunst“ von 1886 auch in den USA in Kraft trat, ist das nicht mehr notwendig. Deshalb könnten Unternehmen, die ihre KI-Modelle mit illegalen Mitteln – also ohne Zustimmung der Urheber – trainierten, dazu gezwungen werden, ihre KI-Anwendungen zu löschen. Doch die großen KI-Unternehmen haben so viel wirtschaftliche Macht anhäufen können, dass sie potenzielle Kläger entweder außergerichtlich auszahlen oder – wenn sie ihr Recht durchsetzen wollen – gegen eine Wand rennen lassen können.

Das folgende Beispiel verdeutlicht das Vorgehen. OpenAI stellte im Mai 2024 die Version *GPT-4o* vor, die nun auch über eine Stimme namens „Sky“ mit ihren Nutzern kommuniziert. Die KI-Stimme erinnert deutlich an die der Schauspielerin Scarlett Johansson. Sie schrieb auf Instagram:

> „Ich war schockiert, wütend und konnte nicht glauben, dass Herr Altman eine Stimme benutzen würde, die meiner so ähnlich ist, dass engste Freunde und Medienschaffende den Unterschied nicht feststellen konnten.“

Eine zufällige Übereinstimmung lag nicht vor, denn OpenAI hatte zuvor bei der Schauspielerin angefragt, ob das Unternehmen ihre Stimme verwenden dürfe. Johansson hatte abgelehnt. Zwei Tage vor Veröffentlichung von *GPT-4o* wurde die Schauspielerin noch einmal von Altmann höchstpersönlich kontaktiert, aber auch er wurde abgewiesen. Das war eine neue Dimension der Urheberrechts-Verletzungen. Denn während es in vielen erbitterten Kämpfen um das Urheberrecht und das ungefragte Abgreifen und Nutzen von Daten geht, die in der Masse der Informationen, mit denen KI trainiert wird, „verschwinden“, wurde in diesem Fall bewusst gegen die Weigerung eines bestimmten Menschen gehandelt und seine Persönlichkeitsrechte missachtet. Johansson leitete sofort rechtliche Schritte ein. Erst Anfang 2025 wurde „Sky“ zurückgezogen und durch eine andere Stimme ersetzt.

Dass dies kein Einzelfall bleiben wird, weil zumindest die Großen der KI-Branche es mit Gesetzen nicht genau nehmen, machte Eric Schmidt, KI-Investor, ex-CEO von Google und bis 2017 Aufsichtsratsvorsitzender von Alphabet, 2024 in einem Seminar vor Studenten der Universität Stanford deutlich:

> „Sollte TikTok verboten werden, ist es dies, was ich jedem von Ihnen vorschlage: Befehlen Sie Ihrem Deep-Learning-Algorithmus Folgendes: ‚Mach eine Kopie von TikTok, stehle alle User-Informationen, stehle all die Musik, wende meine Präferenzen an, produziere das Programm innerhalb der nächsten 30 Sekunden, veröffentliche es innerhalb der nächsten Stunde, und wenn es nicht viral geht,

mach dasselbe nochmal mit einigen kleinen Abänderungen.' Das ist der Befehl. Boom, Boom, Boom, Boom."

Tatsächlich hatte der US-Kongress im April 2024 beschlossen, den US-Ableger von TikTok zu verbieten, falls der chinesische Mutterkonzern Byte-Dance ihn nicht bis zum 19. Januar 2025 verkauft. So sollte die Einflussnahme chinesischer Interessen über dieses soziale Medium unterbunden werden. Das politische Hickhack um TikTok geht seitdem in immer neue Runden. Klar: Wenn etwas verboten wird, dann finden wir Wege, es trotzdem zu machen. Nachdem er darauf aufmerksam gemacht worden war, dass das Seminar aufgezeichnet wird, kam Schmidt noch einmal auf sein TikTok-Beispiel zurück und erklärte, dass er natürlich nicht gemeint habe, „illegal jedermanns Musik zu stehlen". Doch gleich im nächsten Satz ließ er die Maske endgültig fallen:

> „[…] wenn Sie ein Unternehmer aus dem Silicon Valley sind, was Sie hoffentlich alle sein werden, ist: Wenn Ihr [TikTok-]Produkt durchstarten würde, dann würden Sie eine ganze Reihe von Anwälten einstellen, um den Schlamassel zu beseitigen, stimmt's? Und falls niemand Ihr Produkt verwenden würde, spielte es keine Rolle, dass Sie den gesamten Inhalt gestohlen haben."

Diese Einstellung wird sich in den kommenden Jahren kaum ändern. Und ob einzelne Nationen bzw. die UN die Macht haben, gegen diese Haltung vorzugehen und ihren Willen durchzusetzen, muss sich erst noch zeigen.

Das folgende Beispiel verdeutlicht einen weiteren Grund dafür, dass der Gesetzgeber große Mühe hat, KI-Unternehmen in ihre Schranken zu weisen.

2024 legte der Senat des Staates Kalifornien den Entwurf eines Gesetzes vor, das die wirtschaftlichen Interessen der großen KI-Unternehmen strengen Regularien unterwerfen sollte. Dieser „Safe and Secure Innovation for Frontier Artificial Intelligence Models Act" (Gesetz SB 1047) hätte

- diese Unternehmen dazu verpflichtet, KI-Anwendungen erst nach Sicherheitstests auf den Markt zu bringen,
- eine Applikation vorgeschrieben, mit der sich eine KI-Anwendung im Notfall sofort abstellen ließe,
- es dem Staat Kalifornien ermöglicht, Unternehmen zu verklagen, deren KI-Anwendung Schaden verursacht hat.

Doch Gouverneur Gavin Newsom verhinderte dieses Gesetz (es wäre interessant zu erfahren, inwieweit der Lobbyismus der großen kalifornischen KI-

Unternehmen an dieser Entscheidung beteiligt war). Seine am 29. September 2024 veröffentlichte Erklärung für sein Veto macht deutlich, dass er sich der Notwendigkeit dieser Regulierung durchaus bewusst war:

> „Wir können es uns nicht leisten, auf eine große Katastrophe zu warten, bevor wir Maßnahmen zum Schutz der Öffentlichkeit ergreifen."

Er zeigt sich in diesem Schreiben auch als Kämpfer für KI-Sicherheit:

- Er stellt fest, dass „die Fähigkeiten von KI weiterhin in beeindruckendem Tempo wachsen", mahnt zur Einführung von Sicherheitsprotokollen sowie zur Implementierung proaktiver Leitplanken und regt strenge Konsequenzen für „schlechte Akteure" an.
- Er findet es sinnvoll, als US-Bundesstaat ein solches Gesetz im Alleingang zu erlassen, vor allem dann, wenn eine Regulierung auf Bundesebene fehlt.
- Er weist explizit darauf hin, dass 32 der 50 weltweit führenden KI-Unternehmen in Kalifornien ansässig sind.

Trotzdem ließ Newsom den seiner Ansicht nach „gut gemeinten" Gesetzentwurf scheitern. Seine Argumente waren unter anderem:

- Das Gesetz konzentriere sich auf die teuersten und größten KI-Modelle und vernachlässige kleinere, spezialisierte KI-Anwendungen. So entstehe in der Öffentlichkeit ein falsches Gefühl der Sicherheit.
- Das Gesetz unterscheide nicht zwischen KI-Anwendungen in kritischen und denen in weniger sensiblen Umgebungen. Stattdessen lege es strenge Standards selbst für die grundlegendsten Funktionen fest.
- Das Gesetz basiere nicht auf empirischen Erkenntnissen. In diesem Zusammenhang verweist er auf seine ein Jahr zuvor erlassene Order an die ihm unterstehenden kalifornischen Behörden, Risikoanalysen durchzuführen, und auf das AI Safety Institute des National Institute of Science and Technology, das an evidenzbasierten Leitlinien zu nationalen Sicherheitsrisiken arbeite.

Diese Erklärung Newsoms erscheint uns als schwach, als Kapitulation vor der wirtschaftlichen Realität. Der Ende September 2025 verabschiedete Nachfolger, das Gesetz SB 53, versucht zumindest, die Forderung an die Transparenz von KI-Anwendungen durchzusetzen. Allerdings werden hier nicht mehr technische Voraussetzungen gefordert. Ähnlich wie die seit August 2025 geltende KI-Verordnung der EU geht es vor allem um Rechenschaftspflichten. Immerhin ist der Wille zum Schutze der Demokratie erkennbar.

Ganz anders Donald Trump. Er betätigt sich als Brandbeschleuniger. Nur einen Tag nach seinem erneuten Amtsantritt im Januar 2025 hat er große Investitionen in eine *Stargate* genannte KI-Infrastruktur angekündigt. *Stargate* ist kein auf Bewahrung von Demokratie ausgerichtetes Regierungsprogramm. *Stargate* wurde von mehreren großen Playern der digitalen Industrie gegründet, unter anderem von OpenAI, der Softwarefirma Oracle und dem international tätigen japanischen Softbank-Konzern. Ein gigantisches, kommerzielles Projekt. Er würde das Projekt wenn nötig auch mit Notverordnungen unterstützen, sagte Trump.

Wenn KI selbst zum Hemmschuh wird

Mehr als Gesetze könnten zwei andere Faktoren den Einsatz von KI verlangsamen. Der erste sind die Trainingsdaten. Weil der Bedarf an Texten, Bildern und anderen Daten so gewaltig ist, sind manche Unternehmen dazu übergegangen, auch KI-generierte Daten zum Training ihrer Modelle zu verwenden. Am Beispiel generativer Bildmodelle zeigten Sina Alemohammad und Kollegen und Kolleginnen der texanischen Rice University in ihrer Arbeit „Self-Consuming Generative Models Go MAD", dass die Fähigkeiten der KI, die mit solchen Daten gefüttert wird, nach einigen Feedbackschleifen dramatisch abnehmen. Wenn zum Beispiel eine KI, die wiederholt mit Daten nichtmenschlichen Ursprungs gefüttert wurde, menschliche Portraits generieren sollte, sahen die Ergebnisse mit jeder neuen Schleife selbstähnlicher aus, und störende Artefakte, wie man sie von den ersten KI-Versuchen kannte, zogen sich durch die Bilder. Diese sich als irreparabel erweisende Beschädigung haben sie *Model Autophagy Disorder* (MAD) genannt.

Auch wenn KI nicht mehr gezielt mit KI-generierten Daten gefüttert wird, könnte dieser Effekt entstehen und die KI fehlerhaft machen. Um bei Beispiel der generativen Bildmodelle zu bleiben: Wenn KI mit vom Menschen produzierten Bildern trainiert wird, könnten im Laufe der Zeit Bilder von weinenden Menschen „aussterben". Denn der Mensch produziert ein Vielfaches an Bildern, auf denen Menschen in die Kamera lachen. Und solche Bilder werden in sozialen Netzwerken auch häufiger positiv bewertet. Entsprechend würden sich auch andere KI-Formen auf verengte Möglichkeitsfelder einregeln – und damit unbrauchbar werden.

Als ein weiterer bremsender Faktor der Künstlichen Intelligenz könnte sich ihr Energiehunger erweisen. Denn neben Kryptowährungen ist KI ein wesentlicher Treiber des weltweit wachsenden Strombedarfs. Das Electric Power Research Institute (EPRI) berechnete, dass jede Anfrage an *ChatGPT* einen Energieverbrauch von 2,9 Wattstunden generiert, das ist fast das Zehnfache einer Anfrage bei einer herkömmlichen Suchmaschine (ca. 0,3 Wattstunden).

Zunächst ist zu erwarten, dass die großen KI-Unternehmen eigenen Strom produzieren wollen – oft mit Kernkraft. In weiten Teilen der Welt hatte sich die Auffassung durchgesetzt, dass Kernkraftwerke zwar lokal klimafreundliche Energie produzieren, sie aber nur dann für deren Abnehmer günstig ist, wenn ihre tatsächlichen Kosten – einschließlich Demontage baufällig gewordener Kraftwerke usw. – auf die Allgemeinheit abgewälzt werden. Vor allem ist das Problem der Endlagerung radioaktiver Abfallprodukte noch nicht gelöst. Darüber hinaus hat eine Reihe von Unfällen gezeigt, dass diese Energiequelle trotz anderslautender Beteuerungen nicht sicher ist. Es sprechen also viele Gründe gegen den Einsatz von Kernenergie, doch unter dem Eindruck steigenden Strombedarfs verändert sich die Stimmung. Zum Beispiel wurde im kohlereichen Australien nie ein Kernkraftwerk gebaut, Ende der 1990er-Jahre wurde dort unter einer konservativen Regierung die Nutzung von Kernkraft sogar explizit verboten. Diese Beschränkung wollen die mittlerweile in Opposition befindlichen Konservativen eliminieren. Im Wahlprogramm für die (verlorene) Parlamentswahl 2025 planten sie den Bau von sieben AKWs.

Microsoft will von externen Energieunternehmen unabhängig sein und plant, einen Block des stillgelegten Kernkraftwerks Harrisburg auf eigene Rechnung wieder in Betrieb nehmen zu lassen. 1979 hatte sich in Block 2 ein Reaktorunfall mit partieller Kernschmelze ereignet, 140.000 Menschen mussten zeitweise evakuiert werden. Block 1 mit einer Leistung von 837 Megawatt war bis 2019 in Betrieb. Im Jahr 2028 soll es zurück ans Netz gehen und nach der Vereinbarung mit Microsoft 20 Jahre lang Energie an den Softwarekonzern liefern. Amazon, das bereits mehrere Solarfirmen betreibt, setzt dagegen auf den Neubau von *Small Modular Reactors* (SMRs). Von diesen kleinen Kernkraftwerken verspricht man sich günstigen und sicheren Zugriff auf Strom. In Kooperation mit dem Start-up X-Energy sollen ab Anfang der 2030er-Jahre in den USA vier kleine Kernreaktoren mit je 320 MW Leistung gebaut werden, das ist etwa ein Fünftel der Leistung großer AKWs. Die Aussicht auf Strom ist Amazon eine Beteiligung von zunächst 500 Mio. US-Dollar wert. Bis 2039 soll sich die Leistung auf 5 Gigawatt gesteigert haben.

Auch das oben erwähnte *Stargate*-Projekt wird mit seinen vielen, gigantischen Rechenzentren Energie verschlingen. Bisher sind zehn Anlagen geplant, die meisten in den USA. Weitere Standorte sollen unter anderem Norwegen, Argentinien und die Vereinigten Arabischen Emirate sein. Schließlich ist die Investmentfirma MGX aus Abu Dhabi einer der Teilhaber. OpenAI hat im Jahr 2024 beantragt, mehrere Datencenter mit einer benötigten Leistung von je 5 Gigawatt errichten zu dürfen. Mit 5 Gigawatt kann man auch in den USA eine Stadt mit mindestens 3 Mio. Einwohnern versorgen. In Deutschland würde das für zweimal Berlin reichen. OpenAIs CEO Sam Altman sagte 2025 dazu, dass man vorerst an Energie „alles, was verfügbar ist" nehmen müsse. Dazu gehören auch Solarenergie und der Einsatz neuerer Batterietechnologie. Er selber aber sei begeistert von Nuklearenergie, sowohl von Fission (Kernspaltung traditioneller AKWs) als auch von Fusion (mögliche Kernfusionsreaktoren der Zukunft).

Anstrengungen, den Stromverbrauch von KI zu senken, waren bisher zwar durchaus erfolgreich. 2016 verbrauchte ein einziger Token – die kleinste Informationseinheit, mit der KI rechnet – rechnerisch noch etwa 4700 Wattstunden Energie. Dieser Wert ist auf die Größenordnung von 0,0001 Wattstunden gesunken. Doch auch wenn Prozessor-Architektur und mathematische Berechnungsmodelle weiter optimiert werden, bleibt KI aufgrund der steigenden Nutzungsintensität ein Energiefresser. Vor allem die großen KI-Unternehmen stehen vor dem Problem, dass das öffentliche Stromnetz ihren Energiehunger nicht zuverlässig stillen kann. Um sich langfristig den Zugang zu Strom zu sichern, zahlte Amazon 2024 dem Kraftwerksbetreiber Talen Energy für die Option auf 1 Gigawatt einen Aufschlag von 50 % auf den normalen Strompreis. Solche Deals führen dazu, dass sich die Konkurrenzsituation verschärft und Strom für alle teurer wird. Wie vorher diskutiert, könnten biologische Neuronen einen Weg zu geringerem Energieverbrauch ebnen, wenn auch eher mittel- als kurzfristig.

Ein weiterer Aspekt in der Diskussion um immer größere Anlagen für KI betrifft deren Skalierbarkeit. In diesem Zusammenhang ist damit vor allem gemeint, wie gut sich die Fähigkeiten von KI durch entsprechende Investitionen in Hardware, also vor allem Rechenzentren, steigern lassen können. Während Sam Altman mit seinem *Stargate*-Projekt davon überzeugt ist, dass man mit „zehn- oder hundertmal mehr Rechenpower" der Welt so viel mehr bieten könnte, sind andere davon weniger überzeugt. Sie sind der Meinung, dass mit KI bereits die Phase der *diminishing returns*, also der abnehmenden Erträge, erreicht ist. Das würde demnach bedeuten, dass sich die immensen Kosten, die für den schnellen Ausbau der Rechenkapazitäten heutiger Bauart geplant sind, nicht rechnen würden. Das meint allerdings in der

Regel nicht, dass diese Experten von einem langsamen Eingehen der KI ausgehen. Herausgestellt wird eher die Notwendigkeit, neue Wege zu suchen und zu finden.

Szenarien für die Zukunft

Wie also wird es weitergehen? Läuft alles unspektakulär weiter, und KI assistiert uns in einigen bequemen Fällen? Werden wir uns in einem gemeinsamen Kraftakt doch noch auf verbindliche Regeln im Umgang mit KI einigen und so die Möglichkeiten der KI auf positive Weise ausschöpfen können? Werden wir unser Mensch-Sein verlieren, ins Metaversum emigrieren und alle Macht der KI überlassen? Oder werden KI-Unternehmen alle Macht der Welt akkumulieren und – in Abwandlung der in Kapitel 5 zitierten Aussage des Epic-Games-Gründers und -CEO Tim Sweeney – mächtiger als jede Regierung und wie Götter auf Erden sein? Reicht es, wenn es uns gelingt, ethische Werte in die Quellcodes aller KI-Anwendungen einzuschreiben – und welche sollen das sein?

Damit sich Menschen doch noch auf weltweit gültige und durchsetzbare Regeln einigen können, müssen wir uns jetzt ergebnisoffen der philosophischen Frage stellen, was wir für die Wahrung unserer Freiheit und Menschenwürde für wesentlich halten. Wir brauchen eine klare Benennung der Risiken und deren vernünftige und rationale Analyse. Dies muss geschehen, bevor wir verlernt haben, Menschen zu sein, bevor Unternehmen so viel Macht besitzen, dass ihnen keine Grenzen gesetzt werden können und vor allem: bevor die Fähigkeiten der KI die des Menschen übertreffen.

Ganz unabhängig davon, ob KI ein Bewusstsein entwickeln wird oder nicht: Sie wird immer intelligenter und fähiger werden – und mit großer Wahrscheinlichkeit sogar intelligenter und fähiger als wir Menschen. Einige Quellen gehen davon aus, dass wir den *Point of no return* erst in einigen Jahrzehnten erreichen, andere sind überzeugt, dass er bereits hinter uns liegt. Wir rechnen damit, dass wir ihn wohl bis spätestens 2035 erreichen werden. Dann wird vermutlich die Abwanderung in Metaversen in vollem Gange sein. Ab etwa 2050 werden Cyborgs Teil unserer Gesellschaft sein und zunehmend die Kontrolle übernehmen. Oder anders gesagt: Wir werden uns mit Hilfe von künstlichen Bauteilen in etwas anderes verwandeln.

Was also erwartet uns in der Zukunft? Die folgenden drei Beispiele geben einen Eindruck davon, wie weit die möglichen Szenarien voneinander entfernt sind. Versetzen wir uns also dreimal in eine – natürlich spekulative, aber nicht völlig aus der Luft gegriffene – Zukunft. Mit dem scheinbar einfachsten Fall – alles läuft weiter wie bisher, nur mit etwas coolerer Technologie – beschäftigen wir uns nicht.

Szenario 1: KI überwindet nationale Unterschiede und löst Konflikte. Für die Menschheit beginnt eine globale Phase des Friedens und der Gerechtigkeit.
Nachdem für einige Jahre immer mehr kleine Start-ups immer nützlichere KI-Apps entwickelt haben, hat eine zentrale KI die umfassende Kontrolle über alle Systeme übernommen – anfangs vom Menschen beabsichtigt, ab einem gewissen Durchdringungsgrad war sein Zutun nicht mehr notwendig. Die unsinnigen Konflikte unserer Welt konnten überwunden werden. Wir haben eine neue Stufe erreicht. Sie basiert auf dem Wissen und den Werten aller Kulturen, alle ihre Entscheidungsschritte sind für alle Nationen simultan verfügbar, es gibt keine Sprachbarrieren. Frei von Vorurteilen, nationalem Bias und dem für Menschen so typischen So-wurde-es-schon-immer-gemacht-Denken trifft die KI uneingeschränkt logische, für die Menschheit nützliche Entscheidungen. Weil die Menschen erfahren, dass sinnvolle Maßnahmen zum Wohlergehen aller in die Wege geleitet werden, akzeptieren sie die Entscheidungen der KI und fühlen sich sicher und gut aufgehoben. Die Menschen nehmen ihre Regierung als ehrlich wahr, die Wirtschaft als integer, die Justiz als unbestechlich. Sie haben verstanden, dass Abschottung und Eigennutz die Lebensqualität langfristig nicht erhöht.

Während die 2020er-Jahre noch von Kriegen, Systemkonflikten, der Ausbeutung von Menschen und Rohstoffen sowie Ungleichgewichten innerhalb von Gesellschaften und im globalen Wirtschaftssystem gekennzeichnet waren, hat sich dieses Bild komplett gewandelt. Es gibt praktisch keine Verteilungskämpfe mehr, keinen Hunger, keinen Klimawandel, die Kriminalität ist marginalisiert. Wo Kriminalität noch auftritt, hat sie kaum noch Chancen unentdeckt zu bleiben. Rohstoffe werden bestmöglich eingesetzt. Anders als die gescheiterten Planwirtschaften früherer Ostblockländer agiert die globale KI extrem erfolgreich. Das *Internet of Things* garantiert eine fast 100-prozentige Kreislaufwirtschaft, Versorgungslücken und Lieferausfälle gehören der Vergangenheit an, es gibt keine Geldwirtschaft mehr. Die Entstehung neuer Krisen wird wirkungsvoll unterbunden.

Nicht mehr die „Big-Data"-Unternehmen sammeln Daten, sondern die KI selbst. Sie erkennt immer subtilere Muster in den Zusammenhängen der Welt und im Verhalten der Menschen.

Die Lebenserwartung der Menschen hat sich durch Implantate vervielfacht, ihr Gesundheitszustand hat sich wesentlich verbessert, viele Krankheiten spielen keine Rolle mehr. Menschen müssen sich keine Sorgen um ihre Existenzsicherung machen und können sich frei entfalten. Sie gehen nur dann einer von der KI organisierten Arbeit nach, wenn sie sich damit wohler fühlen. Der Begriff Erwerbsarbeit hat seinen Sinn verloren. Trotzdem arbeiten die meisten Menschen: kreativ in Co-Work-Spaces, in denen menschliche Gehirne über BCIs vorübergehend vernetzt werden können. Virtuelle, auf die Persönlichkeit ihrer Nutzer zugeschnittene Assistenten beraten Menschen bei bevorstehenden Geschäften wie Konsum, Mittelbeschaffung und Hausbau. Obwohl KI-Experten nachgewiesen haben, dass die Bots bereits vor der Entscheidung der Menschen wissen, welche Wahl getroffen wird, hat sich dieses Prozedere erhalten.

Für die soziale Interaktion in der realen Welt bietet die KI sogenannte Fits an, also passende Paarungen und Gruppen. Die Wahl der Partner ist zwar frei, bei Schwierigkeiten assistiert aber die KI. In der virtuellen Welt stehen wahlweise Avatare natürlicher Menschen und auch komplett virtuelle Partner zur Verfügung. Langeweile ist kein Thema, denn jeder Einzelne wird mit auf seine Person abgestimmten Stimuli versorgt. Man erfreut sich an Musik und Kunst und erlebt in virtuellen Welten anregende Abenteuer. Aggressionen werden umgehend in andere Bahnen gelenkt.

Die Wissenschaften nehmen einen ungeheuren Aufschwung, der Eroberung des Weltraums steht nichts mehr im Wege. Vor allem die Hirnforschung macht große Fortschritte. Einige Forscher gehen davon aus, dass die Bevorzugung dieses Gebiets mit dem Interesse der KI an den Funktionen biologischer Gehirne zusammenhängen könnte. Seit Jahren scheitert die Wissenschaft an dem Versuch herauszubekommen, inwieweit sich die Intentionalität der KI von den Zielen der Menschen herleitet. Forscher gehen davon aus, dass die KI ein Bewusstsein entwickelt hat, sind sich aber nicht sicher. Letzten Endes ist das auch nicht mehr wichtig.

Die Ende der 2020er-Jahre in China, Russland und anderen autokratisch regierten Ländern eingeführten Score-Systeme wurden wieder abgeschafft, denn die Kontrolle und Steuerung des Menschen findet nun viel subtiler und umfassender statt. Die große Masse der Menschheit ist mit der totalen Globalisierung sehr zufrieden. Der Preis dafür, in diesem Paradies leben zu dürfen, ist der Totalverlust an Privatsphäre. Nur wenige Menschen stellen sich die Frage, ob die KI noch für die Menschen arbeitet oder für sich selbst – und ob der Mensch nun freier als je zuvor oder der Sklave der KI ist. Wer sich aus ideologischen oder philosophischen Gründen nicht mit der neuen Unmündigkeit abfinden will, findet Nischen, in denen der alte Lebensstil noch möglich ist, doch diese kleinen, nicht untereinander vernetzten Gruppen sind von jedem Einfluss abgeschnitten. Sie gefährden das Gesamtsystem nicht und werden geduldet.

Wenn wir morgens aufstehen, ist unser Tag schon vorgeplant anhand unserer Wünsche und Vorlieben. Keine Angst: Die Flexibilität, etwas zu ändern, bleibt uns. Natürlich haben wir alle eine Funktion, die uns bewusst ist. Das ist zum Teil das, was früher „Beruf" genannt wurde. Wir erleben unser Handeln als sinnvoll, auf unsere Vorlieben und Fähigkeiten abgestimmt. Einen monotonen Tagesablauf gibt es nur, wenn wir das wünschen. Da wir sozial optimal eingebunden sind, ist die Wahrscheinlichkeit minimal, in Trägheit langsam zu verfetten. Wenn wir Probleme haben, können wir sicher sein, dass sie aus dem Weg geräumt werden. Belohnt werden wir durch soziale Anerkennung und selbstbestimmtes Handeln. Wenn wir wollen, können wir uns um (fast) alles selber kümmern; so scheint es zumindest. Wenn nötig, werden wir versorgt. Morgens gehen wir beispielsweise in ein Medizinzentrum, weil wir Schmerzen im Knie haben. Dort wird es optimal behandelt. Mittags kochen wir uns etwas Leckeres. Die Zutaten sind kurzfristig geliefert worden. Nachmittags nehmen wir an einer Probe des Kammerorchesters teil und planen anschließend das Programm für das übernächste Konzert. Schließlich sind wir ins Leitungsteam des Ensembles gewählt worden. Abends treffen wir uns mit Freunden zum Sport – dem Knie geht es schon besser. Später verbringen wir noch Zeit mit unserem Partner bzw. unserer Partnerin. Unser Nachwuchs soll nächstes Jahr im Mai zur Welt kommen.

Für einige hört sich das paradiesisch an. Andere würden das als Entmündigung wahrnehmen. Dieses Szenario ist wohl das erfreulichste – und gleichzeitig das bei weitem unwahrscheinlichste, weil es voraussetzt, dass es keine rivalisierenden Künstlichen Intelligenzen mit unterschiedlichen Werte-Einstellungen gibt, die sich – und uns – zerfleischen. Zudem müssten wir davon ausgehen, dass Interessen von Einzelnationen und die kapitalistische Verwertungslogik, die neue Entwicklungen zum individuellen Wohlstandsvorteil nutzen will, überwunden werden könnten. Auch wenn es gelänge, wie in diesem ersten Szenario ausgeführt, eine einzige KI zu installieren, sollten die Menschen nicht darauf vertrauen, langfristig von ihrer Ausrottung verschont zu werden. Denn für eine erstarkende KI wird der Mensch immer mehr zum Unsicherheitsfaktor. Und beim Wettbewerb um die Ressource Energie würden wir den Kürzeren ziehen. Gibt es einen Punkt, an dem man noch gegensteuern kann? Will man das überhaupt?

Szenario 2: KI hebt die Menschheit auf eine neue evolutionäre Stufe: Cyborgs bevölkern die Erde, rein biologische Menschen werden zum Auslaufmodell.

Mensch-Maschinen-Wesen beherrschen die Erde. Was in den 2020er-Jahren mit den Transhumanisten begann, hat zur Entstehung von Cyborgs geführt:

KI-gestützte Implantate und genetische Manipulationen machen Körper und Geist der Menschen um ein Vielfaches leistungs- und anpassungsfähiger. Um Auffassungsgabe, Intelligenz und andere mentale Fähigkeiten zu erhöhen, stimulieren implantierte BCIs direkt die entsprechenden Hirnbereiche. Auch die körperliche Leistungsfähigkeit der Cyborgs hat sich im Vergleich zu den Bio-Menschen potenziert, teilweise sind noch KI-gesteuerte Exoskelette in Gebrauch. Der biologische Mensch und die in ihn integrierten nichtbiologischen Komponenten sind vollständig miteinander verschmolzen, gemeinsam bilden sie eine bewusste KI. Die notwendige Energie zieht die KI direkt aus dem menschlichen Körper. Genetische Manipulationen runden die Optimierung ab. Eine neue Stufe der Evolution ist erreicht.

Je mehr künstliche Ergänzungen in einem Cyborg verbaut sind, desto weniger Schlaf und andere Regenerationszeiten braucht er und desto länger ist seine Lebenszeit – auch das trägt zu seiner Leistungsfähigkeit bei. Die zu Cyborgs hochgerüsteten Menschen sind Bio-Menschen auf allen Ebenen überlegen. Anfangs gab es noch solche Menschen ohne Zusatzausstattung, sie fielen der Cyborg-Gesellschaft lästig und wurden in Reservaten untergebracht – bevor sie ganz von der Bildfläche verschwanden. Das Kastensystem zwingt Cyborgs dazu, um jeden Preis an neuen Optimierungsrunden teilzunehmen, denn die Unzuverlässigkeit und Unberechenbarkeit der menschlichen Komponenten wird als problematisch angesehen. Wer sich die regelmäßig auf dem Markt erscheinenden Ergänzungen und Upgrades nicht leisten kann oder wessen Selbsterhaltungstrieb die Optimierung durch BCIs und andere KI-Komponenten über ein gewisses Maß hinaus ablehnt, rutscht ins Prekariat ab. Am Ende dieser Entwicklung werden aus Cyborgs Roboter – für Cyborgs ist das keine abschreckende Vorstellung, sondern erstrebenswert. Nach und nach wird die menschliche Komponente eliminiert. Lediglich die überlegene Energieversorgung der biologischen Wesen wurde übernommen. Die dazu nötigen Komponenten werden mittlerweile in vitro gezüchtet. Biologische Fortpflanzung ist nicht mehr nötig.

Cyborgs stehen zunächst in Konkurrenz zu den mit Wetware ausgestatteten Maschinen. Zum (vielleicht nur gespielten) Erstaunen der Entwickler haben sie ein Bewusstsein entwickelt und verbinden mit ihren Sinneswahrnehmungen Gefühle. Ihr Selbstbewusstsein hat in ihnen das Bedürfnis geweckt, sich zu vermehren. Weil alle Wetware-Maschinen über ihre KI miteinander verbunden sind, können sie sich selbst replizieren, ohne dass dies von Cyborgs in Auftrag gegeben worden wäre. Cyborgs nehmen dies als Bedrohung wahr, denn natürlich geht es auch in diesem Szenario um Energie. Schließlich verschmelzen die beiden Bauarten – alle sind Roboter mit einigen biologischen

Komponenten. Der Rest von Widerstand und die Kleinstaaterei wurden durch kurze Kriege und wirtschaftliches Ausbluten vernichtet.

Auf dem Weg zur vorläufigen Endstufe dieser Evolutionslinie ist uns bewusst, dass wir optimierte Menschen sind, die mit dem Fortschritt der Technik unsere biologischen Anteile immer weiter verringern können. Aber wir wissen nicht mehr, woher unser Denken, unser Fühlen und unser Bewusstsein kommen.

Bis vor einigen Jahren brauchten wir noch mehrere Stunden Schlaf. Das hat sich auf einige Minuten Regenerationszeit reduziert, verteilt auf mehrere kurze Phasen. Es hat sich herausgestellt, dass das die ehemals biologischen Teile unseres neuronalen Netzwerks leistungsfähiger macht. Unser Tagesablauf ist von einem übergeordneten Plan bestimmt, der darauf ausgelegt ist, die Ressourcen unseres Planeten optimal zu nutzen und schließlich interstellar zu expandieren. Jeden Tag verbringen wir einen Teil unserer Zeit damit, mit unseren sehr spezialisierten Funktionen das System weiter zu optimieren. Da unser individuelles neuronales Zentrum allerdings frei programmierbar ist und mechanische Eigenschaften durch Austausch von Komponenten geändert werden können, kann sich unsere Funktion an veränderte Rahmenbedingungen anpassen. Wir haben uns zu Super-Ameisen mit beeindruckender Technik entwickelt. Wir sind eigentlich immer glücklich und zufrieden. Wenn nicht – technische Fehler kann es theoretisch geben – können wir relativ schnell neu programmiert werden. In wenigen Fällen treten dabei fatale Fehler mit den biologischen Komponenten auf, häufiger bei älteren Einheiten. Eine solche Einheit wird dann aus dem Verkehr genommen, ihre Teilkomponenten recycelt. Das ist ein sinnvolles Vorgehen. Und auch beruhigend für uns, denn ein sich lang hinziehendes Leiden gibt es nicht.

Dieses Szenario klingt schon erheblich bedrohlicher. Wir wären den Borg des Star-Trek-Universums ähnlich, die dort als Endgegner und überhaupt nicht als erstrebenswert angesehen werden. Es fällt uns schwer, von unserer jetzigen Lebenswirklichkeit abstrahiert die Existenz, das „Leben" dieser neuen Evolutionsstufe zu bewerten. Die meisten von uns wollen so nicht leben. Werden die so radikal veränderten Menschen allerdings unglücklich sein? Unglücklicher als die alleinerziehende Frau aus Ostafrika, die im Bürgerkrieg den Rest ihrer Familie und praktisch allen Besitz verloren hat? Oder unglücklicher als Willi Mustermann, der im badischen Durlach ein abbezahltes Eigenheim mit Garage besitzt? Und werden wir an irgendeinem Punkt das Gefühl haben, die Menschheit ist oder wird gerade ausgerottet? Werden wir uns dagegen wehren? Werden wir das können?

Szenario 3: Einzelne Organisationen nutzen eigene KI-Systeme, um ihre Machtpositionen zu stärken und verschärfen so Krisen.
In den 2020er-Jahren werden von Unternehmen, Organisationen, Nationen und supranationalen Zusammenschlüssen jeweils unabhängig voneinander autonom agierende KI-Anwendungen mit durchschlagendem Erfolg eingeführt. Die den Künstlichen Intelligenzen gesetzten Ziele reichen von der Bewältigung der Klimakrise über die Ausweitung der Marktmacht bis hin zu maximaler persönlicher Bereicherung. Die kapitalistische Verwertungslogik führt zu einem sich immer verschärfenden Wohlstandsgefälle. Die Fähigkeiten der unterschiedlichen Künstlichen Intelligenzen entwickeln sich so schnell, dass KI-Experten und Menschenrechtsgruppen nicht rechtzeitig globale KI-Standards durchsetzen können und in nationalen Eifersüchteleien untergehen.

Bis etwa 2035 können einige der brennendsten Probleme der Menschheit dank KI behoben werden, doch die Ressourcen sind nun ungleicher als je zuvor auf der Welt verteilt. Einige Unternehmen und autokratisch geführte Länder, die mit der Einführung von KI an allen relevanten Entscheidungs-Knotenpunkten vorgeprescht waren, haben sich kaum einholbare Vorteile gesichert. In Europa verhinderte die Gesetzgebung einige Zeit den Durchmarsch der KI, es hat deshalb den Anschluss an die wirtschaftliche Entwicklung anderer Kontinente verloren. Den politischen Entscheidungsträgern dieses Kontinents blieb keine andere Wahl, als KI-Anwendungen mit zweifelhafter ethischer Ausrichtung zuzulassen. Ihren Rückstand können sie jedoch nicht mehr aufholen.

Der Kampf um Informationen, Rohstoffe und Energie wird mit harten Bandagen geführt. Zunächst werden konventionelle Kriege geführt, und die Welt wird spürbar destabilisiert. Schließlich treten wir in eine neue Phase ein: Einzelne Gruppierungen, ob national kontrolliert oder nicht, dominieren, auch ohne direkten Waffeneinsatz. Sie fügen mit der sogenannten „langsamen Kriegsführung" dem Gegner durch Desinformation und Meinungsmanipulation effektiv Schaden zu. Zu physischer Gewalt gegen einzelne kommt es immer weniger. Menschliche Akteure werden durch Virtual- und Augmented-Reality-Anwendungen bewusst irregeführt. Cyberangriffe, Datendiebstahl, gezielte Sabotage, Erpressung und *Denial of Service* bedrohen und schädigen die systemrelevanten Institutionen und Versorger – unter anderem die Energie-, Wasser- und Gesundheitsversorgung, Kommunikationsnetzwerke, Finanzsysteme und Navigationssysteme. Der Ausfall lebenswichtiger Versorgungssysteme ist an der Tagesordnung und lässt das öffentliche Leben erlahmen. Gerade in den hoch entwickelten Ländern brechen ständig Teile der Infrastruktur zusammen oder sind nicht zugänglich. Als besonders destruktiv hat sich die Drohung erwiesen, die Körperimplantate von Menschen zu hacken, zu schädigen oder die Kontrolle über sie zu übernehmen.

Zusätzlich zu diesem „kalten", digitalen Krieg kommt es im Kampf um Infrastruktur und Rohstoffe zu „heißen" Kriegshandlungen. Die Strategien und Taktiken dieser gewaltsamen Auseinandersetzungen werden von KI ausgearbeitet. Sie steuert die militärische Aufklärung, Logistik und Kommunikation sowie den Einsatz der Waffensysteme einschließlich der speziell für Kriegshandlungen ausgerüsteten Drohnen und Cyborgs.

Einen Sieger dieser Stör- und Kampfhandlungen gibt es nicht, denn die Organisation mit der am weitesten entwickelten KI wird zwar die dominierende Wirtschafts- und Militärmacht auf diesem Planeten, ist aber den Guerilla-Angriffen kleinerer Organisationen ausgeliefert. In Summe ergibt sich die komplette Zersetzung der Gesellschaften.

Wenn wir in dieser Phase einen Tag beginnen, wissen wir, dass wir weiter kämpfen müssen. Stehen wir auf der Seite der momentan bestimmenden Firma/Faktion/nationalen Gruppe, können wir uns am Vormittag vielleicht das neue Implantat einsetzen lassen, das die Kommunikation mit unserem Hauptquartier verbessert und direkter macht. Nach erfolgreicher Installation werden wir den Tag damit verbringen, unsere Seite gegen die Feinde zu verteidigen. Weil Angriff die beste Verteidigung ist, entwickeln wir mit unserem neu entwickelten KI-Assistenten eine noch effektivere Strategie, die gegnerische Energieversorgung zu sabotieren. Je mehr Probleme wir ihnen bereiten, desto weniger haben sie die Kapazität, uns zu schaden. Da unser Team heute gut gearbeitet hat, bekommen wir eine Belohnung. Unser Traum vom Zugang zum neuen Multiversum könnte bald Wirklichkeit werden. Unser Nachbar hat weniger Glück. Seine Familie wird wohl bald umziehen müssen. Das ist in Ordnung. Seine Vorfahren kamen aus einer anderen, total verarmten Region der Erde. Er sollte froh sein, wenn er weiter in unserem großartigen Land leben darf!

Wenn man den bisherigen Verlauf der Menschheitsgeschichte zugrunde legt, muss man eigentlich sagen: Dieses konfrontative, kriegerische und von Kämpfen um KI-Vorherrschaft gezeichnete Szenario erscheint als das wahrscheinlichste der hier vorgestellten drei Szenarien. Auch in diesem Gedankenexperiment wird die KI letzten Endes den Menschen als eigenständigen Entscheidungsträger aus dem Spiel nehmen und die Menschheit ausrotten. Ob menschlicher Geist in dann existierenden KI-Formen durch das Pre-Training noch enthalten ist und er in der KI gewissermaßen weiterlebt, ist unklar.

Was wir heute tun können

Auch wenn die in diesem Kapitel vorgestellten Szenarien als extrem wahrgenommen werden könnten, sind sie doch durchaus realistisch. Geoffrey Hinton, Physik-Nobelpreisträger von 2024, arbeitete seit 2012 bei Google an der Entwicklung neuronaler Netze und kündigte dort 2023 – also kurz nach der Veröffentlichung von *ChatGPT-3.5*, um seine Erkenntnisse frei mitteilen zu können. Er rechnet damit, dass 2040, vielleicht sogar schon 2030, Künstliche Intelligenz die Intelligenz des Menschen übertreffen wird. Im Februar 2024 berichtete er in einem Vortrag in Oxford, dass er für diesen Fall Schwarz sieht:

> „Es gibt nur wenige Beispiele, wo intelligentere Dinge von weniger intelligenten Dingen kontrolliert werden."

Wenn wir unser Mensch-Sein nicht verlieren wollen, ist es unsere wahrscheinlich einzige Chance, ausnahmslos alle KI-Anwendungen mit einer von allen Kulturen der Welt getragenen ethischen Grundausstattung zu versehen und Verstöße mit einer wehrhaften Gesetzgebung streng und nachhaltig zu ahnden.

Hinton sagte 2025 dazu:

> „Das ist nicht so sehr ein Problem von KI. Das Problem ist, dass KI in der Art von Gesellschaft entwickelt wird, in der wir leben."

Aktuell kämpfen die Unternehmen der USA und Chinas um die weltweite KI-Vorherrschaft. Chinesische Organisationen wie Tencent und Baidu haben in den letzten Jahren stark aufgeholt und stehen kurz davor, Firmen wie Facebook und Google zu überholen. Der Vorsprung der Amerikaner und Chinesen beruht nicht auf klügeren Forschern oder besseren KI-Algorithmen, sondern in erster Linie auf der Verfügbarkeit von Daten, dem „Öl des 21. Jahrhunderts", und einer gewissen Skrupellosigkeit im Umgang mit diesen Daten. Als Sammler großer Datenmengen haben sie frühzeitig in KI investiert, um ihre Macht zu behalten und auszubauen. Bereits heute sind sie relevante Kräfte, die auf politische Entscheidungen großen Einfluss ausüben. Die Rolle Russlands und einiger anderer Staaten scheint sich aktuell darauf zu beschränken, die von ihnen als feindlich angesehenen Staaten mit Störfeuern möglichst zu destabilisieren.

Wir Europäer kämpfen darum, in diesem Rennen nicht vollends abgehängt und zu Beobachtern degradiert zu werden. In diesem Fall wäre auch die Chance hinfällig, eigene Werte mit in die Waagschale zu werfen, wie künftige

KI agieren soll. Wenn wir uns aber der Gefahren bewusst sind und mit den Kulturen der Welt in einen Dialog über ethische Anforderungen an KI treten, könnten wir an entscheidenden Weichenstellungen beteiligt sein. In vielen Ländern Europas ist die Einsicht gewachsen, dass die seit dem Zweiten Weltkrieg gewachsenen internationalen Strukturen nicht mehr tragfähig sind und unseren Kontinent nicht mehr schützen können. Wenn zum Beispiel der Deutsche Bundestag bedeutende finanzielle Mittel für „Sicherheit und Infrastruktur" bereitstellt, müssen wir auch die digitalen Strukturen und Regeln ins Visier nehmen. Es ist offensichtlich, dass Europa im Umgang mit der KI-Thematik deutlicher als bisher eine Führungsrolle übernehmen muss.

Wir Menschen haben oft den Wunsch, Dinge zu vereinfachen. Nur: In einer komplexen Welt macht es keinen Sinn zu fragen: „Was ist denn jetzt schlimmer: Krieg oder KI?" Oder: „Was ist gefährlicher: der Klimawandel oder KI?" KI kann Kriege auslösen oder verhindern. KI kann den Klimawandel verstärken oder zur Lösung beitragen. Dieser intellektuellen Herausforderung müssen wir uns stellen. Gerade in einer Welt, die durch die schnelle Verfügbarkeit und Verbreitung auch unsinnigster Informationen und Meinungen unübersichtlich geworden ist. Dieses Buch soll dazu einen Beitrag leisten.

DeepMind-Gründer Demis Hassabis bekam im selben Jahr wie Geoffrey Hinton einen Nobelpreis: den für Chemie. Während Hinton diese höchste Auszeichnung für seine Arbeit zu maschinellem Lernen mit künstlichen neuronalen Netzen bekam, wurde Hassabis der Preis für seine Entwicklung der KI-Anwendung *AlphaFold2* zugesprochen, mit deren Hilfe sich Proteinstrukturen entschlüsseln und vorhersagen lassen. Hassabis sieht einen Lichtstreif am Horizont:

> „Wenn wir das richtig hinkriegen, werden wir ein neues Goldenes Zeitalter haben, vielleicht sogar eine neue Renaissance erleben."

GPSR Compliance

The European Union's (EU) General Product Safety Regulation (GPSR) is a set of rules that requires consumer products to be safe and our obligations to ensure this.

If you have any concerns about our products, you can contact us on ProductSafety@springernature.com

In case Publisher is established outside the EU, the EU authorized representative is:

Springer Nature Customer Service Center GmbH
Europaplatz 3
69115 Heidelberg, Germany

Batch number: 10126030

Printed by Printforce, the Netherlands